U0140235

羅伯特・沃克◎著
Robert L. Wolke
高雄柏◎譯

泡麵為什麼總是彎的？

WHAT EINSTEIN TOLD HIS COOK
Kitchen Science Explained

136 個廚房裡的科學謎題

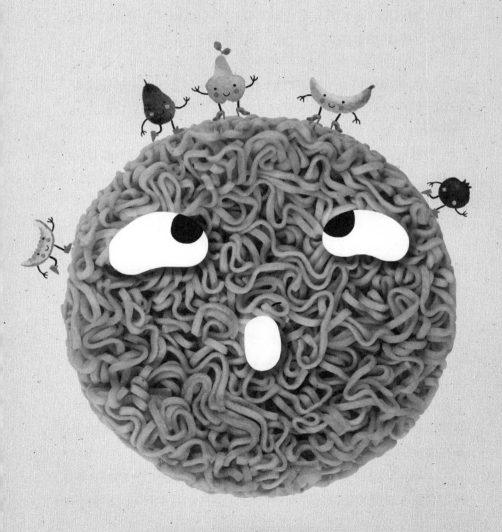

前言

隨著對於飲食和烹飪興趣的增加，人們更想要了解決定食物性質與烹飪技巧的化學與物理變化。

本書解釋了食物及烹飪工具背後的科學原理，全書結構與目錄安排能夠讓讀者更容易找到特定事實與解釋。

居家大廚與職業廚師不只要烹飪，還必須購買食材。當今食品工業的產品種類令人目不暇給，許多烹飪問題其實濫觴自超級市場；因此，本書討論了天然食品與加工食品，它們來自何方，有何用途，對於實際操作有何影響。

我曾經在大學教書多年，其間十年擔任教學改革機構的首任負責人，幫助教師改進教學技能。我在長期努力的過程中體認到，有兩種解釋廚房科學的可能方法，我稱之為學院法則與經驗法則。

使用學院法則時，我會寫出相當於教科書的文字，鼓勵「學生」利用他們獲得的知識，解決未來將會遭遇到的實務問題，其基本假設是：學生對於所有的「課程內容」都能精純熟練，在需要時回想起來。

但是根據我身為授課者的經驗，以及各位曾經是學生的經驗，都見證了該種方式的無效性（快回答：哈斯汀會戰〔Battle of Hastings〕的雙方主將是誰？）（譯註：諾曼第的「征服者威廉」入主不列顛的決定性戰役，盎格魯撒克遜的英王哈羅德戰死）。簡言之，學院法則企圖在問題出現之前提供解答。但在現實生活中，問題是無預警出現的，而且必須當場處理。

如果不必遍覽群籍，在感覺困惑時，就可以詢問科學家某個特定問題呢？雖然要愛因斯坦隨時在身邊為你解答問題，這似乎

並不可能；次佳處境或許是手邊有一本實用的Q&A，加上適當的合理解釋。這就是經驗法則。

在本書中，我回答了餐廳大廚、《華盛頓郵報》專欄裡讀者詢問的一百多個問題。除了廚房裡的科學解答，書中還提供了許多獨特、充滿想像力的食譜，由我的妻子瑪琳‧巴瑞許（Marlene Parrish）提供。瑪琳投身餐飲業多年，這些食譜是為了示範科學原理，特地設計的；當然，它們也可以被視為能夠享用的美味實驗。

每一個問答單元都是獨立的，不需要具備特定的觀念就可以閱讀。為了確保每個單元解釋的獨立完整，許多主題是相互關連的，我常常必須簡短地重複相關觀念——偶爾的重複可以加強理解。雖然第一次出現的特殊用語會附帶定義，本書結尾仍然有簡短的〈名詞解釋〉，在必要時加深你的印象。

會讓人們感覺納悶的事，當然是無窮盡的，而一本書只能解釋廚房與市場中很少數的問題。因此我邀請讀者利用電子郵件，將你的問題寄到questions@professorscience.com。雖然不見得能夠解答所有問題，但我的網站www.professorscience.com每星期都會回答一個問題。

希望理解食物帶給你的樂趣能跟享用大餐一樣多。

謝辭

　　在多年的學術生涯及寫作副業之後，感謝《華盛頓郵報》餐飲版前任主編南西・麥康（Nancy McKeon）讓我得到了餐飲寫作的「大好機會」——有機會在《華盛頓郵報》撰寫飲食科學的專欄。「美食101」專欄已經連載四年多了。感謝現任主編潔妮・馬克曼紐斯（Jeanne McManus）的信任與支持，她容許我完全自由地「做我的事」。

　　這本書的寫作之路始於我結識，並且迎娶瑪琳・巴瑞許，她是飲食作家、美食評論家，以及烹飪老師。身為喜愛美食的科學家、作家兼烹飪愛好者，我開始寫作更多關於食物與科學的道理。要不是她的關懷與對我的信心，這本書將永遠不會出現。瑪琳設計了本書裡的所有食譜，每一道都是為了解釋書中提到的科學原理。不僅如此，在本書長達數月的修訂過程中，她為我準備午餐。

　　再一次，我必須感謝我的出版經紀人伊森・艾倫伯格（Ethan Ellenberg），多年以來，即使在不順利的時候，他仍然以誠信、良好的建議與鼓勵對待我。非常幸運地，諾頓出版公司（W. W. Norton）的瑪莉亞・葛納謝利（Maria Guarnaschelli）出任本書編輯。瑪莉亞絕不妥協地專注於品質，在我心存疑慮時，引領我迷途返航，她也是我的勇氣泉源。無論最後成果如何，要是沒有瑪莉亞的敏銳直覺、知識與判斷力，我們之間的信任、尊重與友誼，這本書將會遜色許多。

　　作者寫的不是書，他們只寫手稿——手稿上的文字有待出版公司中充滿耐心、勤勉的專業人士將它們轉換成書籍。感激諾頓出版公司每一位發揮才華，把文本轉變成精美書籍的工作人員。

尤其感謝製作總監安德魯‧馬拉夏（Andrew Marasia）、美術總監黛博拉‧摩頓‧霍伊（Debra Morton Hoyt）、執行編輯南西‧帕姆奎斯特（Nancy Palmquist）、自由插畫家艾倫‧威雄克（Alan Witschonke）與美編芭芭拉‧巴克曼（Barbara Bachman）。

雖然我的女兒萊絲莉‧沃克（Leslie Wolke）與女婿齊夫‧約爾斯（Ziv Yoles）深信不疑，但我並不是無所不知的人。要寫一本這樣的書，當然需要請教無法一一列名的眾多食品科學家與食品工業界人士，感謝他們願意分享他們的專業知識。當代的每一位非小說類作家或許都非常倚賴那個無所不在，沒有形體，叫作網際網路的存在體，它名副其實地把全球資訊（還有錯誤的資訊）放在我們的指尖——移動滑鼠的指尖上。無論網際網路身在何處，它一定能夠領會我發自內心的感激。

最後，要不是《華盛頓郵報》讀者的熱烈回響，這本書永遠不會出現。讀者的電子郵件與蝸牛郵件帶來的問題與回饋，讓我理解到自己可能真的提供了有用的服務。擁有這樣的讀者，夫復何求。

目次

第5章 海陸大餐 130
關於食用動物的22個科學謎題

第一章

甜言蜜語

關於糖的15個科學謎題

在傳統的五種感覺裡——觸覺、聽覺、視覺、嗅覺與味覺——只有最後兩種是純粹化學性的,也就是說,它們能夠偵測到真實的化學分子。(接下來你會時常看到「分子」這個詞。別慌,你只需要知道「分子就是各種玩意兒裡面很小很小的東西」,再加上「不同分子構成不同玩意兒」,就差不多了。)

透過奇妙的嗅覺和味覺,我們接觸到各種化合物的分子,遍嚐天下氣味。嗅覺能夠偵測到空中飄浮的氣體分子,味覺能夠偵測到溶解在食物所含水分或溶解在唾液中的分子(你嗅不到也嚐不到岩石的氣味)。和許多動物一樣,嗅覺吸引人類找到食物,味覺幫助人類判斷可以食用而好吃的食物。

所謂的「風味」(flavor),就是鼻子偵測到的氣味,與味蕾偵測到的味道,再加上溫度、勁道(調味料的「刺激」),與質地(食物在嘴裡的口感)的總和。鼻子裡的嗅覺神經末梢能夠區分幾千種不同的氣味,據估計「風味」有八成決定於氣味。如果你覺得這個數字似乎偏高,請記住口

腔與鼻腔是相連的，咀嚼時釋出的氣體分子能夠從口腔向上飄進鼻腔。吞嚥時，會在鼻腔造成部分真空，將口腔空氣吸進鼻腔。

　　和嗅覺相比，我們的味覺相對比較遲鈍。我們的味蕾大部分分布在舌頭，但也有一些分布在硬顎（上顎前部的骨質部分）和軟顎，這塊軟組織的末端形成小舌，也就是喉嚨前方「懸掛的那個小東西」。

　　傳統上認為味覺主要有四種：甜、酸、鹹和苦，每種味覺都有相對應的味蕾。今天普遍認為至少還有一種味覺「鮮」，日文漢字的寫法是「旨味」（umami）。它和味精及其他麩胺酸化合物有關，麩胺酸是構成蛋白質的胺基酸之一。鮮味是與富含蛋白質的食物（如肉類和乳酪）有關的一種口內生津的味道。世人也不再認為某一種味蕾只對特定刺激有反應，而是對其他刺激也會有程度較低的反應。

　　教科書上說甜味集中在舌尖，鹹味在舌尖兩側，酸味在兩邊，苦味在後方的「味覺地圖」是過度簡化了；它只表現了舌頭對主要味覺的最敏感部位。我們品嚐到的味道，是味蕾實際偵測到各種味道的味覺細胞，所傳來的整體刺激。近來在人類基因排序方面獲得的成功，讓研究人員得以辨認出或許會產生甜味與苦味味覺細胞的基因，但是還沒找出其他味覺的基因。

　　味覺、嗅覺和口感的綜合刺激抵達腦部之後，仍然需要經過詮釋。整體的感覺是愉悅、厭惡，或介於兩者之間，取決於個人的生理差異、過去經驗（「就像我媽媽煮的」），還有飲食文化習慣（有人要吃豬肚包羊雜嗎？）。

　　不可否認地，有一種味道得到人類，以及從蜂鳥到馬匹等許多動物的喜愛：甜味。大自然的安排是讓成熟的水果變甜，含有生物鹼的有毒水果是苦澀的。（生物鹼系列的物質包括嗎啡、番木虌鹼、尼古丁之類的壞傢伙，更別提咖啡因了。）

　　在人類的食物中，只有一種味道自成一道餐飲：甜點的甜味。開胃小菜可以誘發食慾，主菜能夠五味俱陳，但甜點永遠是甜蜜的，有時候會甜得過火。人類非常喜愛甜味，甚至在親密關係裡引用這個概念（我的甜心、親愛的蜜糖），也會用來描述特別討喜的人事物，像是音樂和人的個性。

　　一提到甜味，我們就想到糖。但「糖」（sugar）這個字眼並不代表特定物質；它屬於包括澱粉在內的碳水化合物家族，是一整類的天然化合物泛稱。所以在我們沉溺於甜食之前──開始享用甜點的科學盛宴之前──我們必須先看看糖在碳水化合物裡所占的地位。

糖是一種燃料？

我知道澱粉和糖都是碳水化合物，但兩者大不相同。
那麼討論營養時，為什麼把它們歸在同一類？

簡言之：它們都是燃料。馬拉松選手在比賽之前補充「碳水
化合物」，就像汽車在出發上路之前要加油。

碳水化合物之類的天然化學物，在所有生物裡都扮演至關重
要的角色。動植物都會製造、儲存、消耗澱粉與糖，以獲得能
量。纖維素這種複雜的碳水化合物，構成植物的細胞膜及結構框
架──也可以說是植物的骨骼。

在十八世紀初期，這類化合物被叫作碳水化合物的原因是，
化學家注意到它們的化學式可以寫成──碳原子（C）加上某些
數量的水分子（H_2O）──所以就稱之為碳水化合物。我們現在
知道，這並不適用於所有碳水化合物，但稱呼改不了。

碳水化合物的共同性質就是，它們的分子都含有葡萄糖，也
稱作血糖。因為動植物都含有無所不在的碳水化合物，所以葡萄
糖或許是地球上最豐富的生物分子。我們的代謝作用把碳水化合
物分解成葡萄糖，這種「簡單的糖」（行話：單醣）隨著血液循
環，提供能量給體內的每一個細胞。另一種單醣是蜂蜜與水果裡
的果糖。

兩個單醣分子結合在一起就構成雙醣。糖罐中及花蜜裡的蔗
糖，就是葡萄糖與果糖構成的雙醣。其他雙醣類包括麥芽糖，還
有只出現在哺乳動物身上的乳糖。

複雜的碳水化合物或者多醣類，通常是由好幾百個單醣構成
的，就像纖維素與澱粉。有莢與無莢的豆類、穀類，還有馬鈴薯
之類的食物含有澱粉與纖維素。人類雖然不能消化纖維素（白蟻
可以），但纖維仍然是人類飲食的重要部分。澱粉是人類主要的

能量來源，因為它們可以被分解成幾百個葡萄糖分子，而補充碳水化合物就像給汽車添加燃料。

碳水化合物的分子結構雖然各有不同，但經過人體的新陳代謝之後，都提供同樣數量的能量：大約每公克四卡（基本上都是葡萄糖）。

糕餅類食物可能含有兩種純澱粉：玉米澱粉與葛粉。你一定知道玉米澱粉的來歷，但你有沒有見過葛根？「葛」（arrowroot）是生長於西印度群島、東南亞、澳洲及南非的多年生植物，可食的地下塊莖幾乎完全是澱粉。將塊莖切碎、漂洗、乾燥，加以研磨，最後的成品可以用來稠化醬汁，製作布丁與甜點。由於葛粉稠化醬汁所需的料理溫度比玉米澱粉低，所以它適合用來製作雞蛋布丁與蛋塔，因為這些成品容易在較高溫度時凝結。

粗糖就是很粗的糖？

我在健康食品店看到好幾種粗糖，
它們和精製糖有什麼不同？

　　沒有那麼大的不同。健康食品店裡的粗糖並不是完全沒有經過精製，只是精製的程度比較低。

　　有史以來，蜂蜜幾乎是人類知道的唯一天然甜味劑。大約三千年前就已經有人在印度栽植甘蔗，但是直到第八世紀才流傳到北非與歐洲南部。

　　幸運的是，哥倫布的岳母擁有一座甘蔗莊園（這不是我瞎編的），他在成婚之前的職務就是從葡屬馬得拉島（Madeira）運甘蔗到義大利熱那亞（Genoa）。這可能讓他在1493年第二次航行到新大陸時，想要帶一些甘蔗到加勒比海，其他的就是甜蜜的歷史了。今天，美國人平均每年吃掉四十五磅糖。想想看：把九包五磅裝的糖全倒出來堆在流理臺上，瞧瞧一年可以吃掉多少糖。當然，你不是從糖罐裡吃了那麼多糖；含有糖分的加工食品種類多到讓人大吃一驚。

　　人們說紅糖，還有所謂的粗糖，比較有益健康，是因為它們含有比較多天然物質。那些天然物質固然包括好幾種礦物質──甘蔗田裡完全天然的泥土也有那些礦物質──但是你可以從攝取幾十種其他食物來獲得它們。如果靠著紅糖來獲得每天需要的礦物質，必須吃掉的分量將有害健康。

　　以下簡短介紹通常位在甘蔗田附近的粗糖廠，以及可能位在稍遠之處的精煉糖廠裡發生的事。甘蔗生長在熱帶地區，竹子狀的高莖直徑大約一英寸，高度大約十英尺，恰好適合用開山刀砍伐。收割下來的甘蔗在製糖廠被機器切碎碾壓，壓出來的蔗汁添加石灰以便沉澱澄清，然後在低壓狀態煮沸（爲了降低沸點，

直到稠化成為糖漿；因為雜質的成分相當多，所以呈現褐色。隨著水分被蒸發，糖的濃度高到液體無法溶解糖；於是糖脫離溶液而成為晶體。濕的晶體在離心分蜜機裡旋轉——分蜜機很像是洗衣機裡面的脫水圓桶——高速自轉把水分甩出去。糖漿狀的液體——糖蜜——被甩出去，留下潮濕的紅糖，裡面含有酵母、黴菌、細菌、泥土、纖維，還有其他植物與昆蟲的碎屑。那是真正的「粗糙的糖」。美國食品藥物管理局（FDA）宣稱那種糖不適合人類食用。

然後，粗糖被運送到精煉廠清洗、再溶解、再煮沸結晶、脫水兩次，讓糖越來越純（譯註：台灣的製糖技術較佳，與此處不盡相同）。另外留下越來越濃的糖蜜，糖蜜的顏色與強烈的風味都來自甘蔗汁裡各種不是糖類的成分——有時候叫作「渣滓」。

自稱銷售「粗糖」或者「未精製糖」的健康食品店，其實通常賣的是分蜜糖，這是紅糖經過蒸氣清洗、再結晶，離心分蜜兩次得到的淡褐色糖晶。我認為那就算是精製糖。歐洲人的食用糖是類似的淡褐色，大顆粒，叫作淡褐色粗糖（demerara sugar）的東西。它是用來自模里西斯、在肥沃火山土壤裡生長的甘蔗製造的。

印度鄉村製造的棕櫚糖，是在開放的容器裡熬煮某幾種棕櫚樹汁所得到的深褐色分蜜糖，它的沸騰溫度比低壓精製蔗糖的溫度高。因為溫度比較高，產生強烈的牛奶軟糖般的味道。沸騰也把某些蔗糖分解為葡萄糖與果糖，所以它比普通的蔗糖更甜。棕櫚糖與其他紅糖在世界上許多地方是壓成大塊出售。

糖蜜的風味獨特——淳樸、甜蜜，幾乎帶有一點煙燻味。在製作過程中，第一次結晶獲得的糖蜜顏色較淺，味道較淡，通常當作桌上的糖漿使用；第二次結晶獲得的糖蜜顏色較深，更為黏稠，通常用來烹飪。顏色最深、濃度最高的糖蜜被稱為黑糖蜜（blackstrap），具有相當獨特的強烈苦味。

白糖對身體比較不好？

為什麼有人說精製白糖對身體不好？

這種不合理的說法對我來說過於神祕。有些人似乎認爲「精製」是人類違反自然律，消除了食物裡某些天然成分，再加以食用的行爲。白糖就是消除了某些成分的紅糖。

經過三次連續的結晶精製之後，除了純粹蔗糖之外的東西，都留在糖蜜裡了。製程早期的精製程度比較低，比較偏褐色的糖因爲含有比較多糖蜜，風味比較豐富。要使用淡褐色的糖，或者顏色更深一點的糖，純粹是個人口味問題。

超市販售的許多紅糖其實是在白糖上噴灑糖蜜製造成的，而不是精製過程較短。我要說的是：原料甘蔗汁裡本來就混合了蔗糖及糖蜜的各種成分。有沒有人能告訴我，爲什麼消除了糖蜜成分之後，剩下的純蔗糖突然變成邪惡且有礙健康？在攝取「有益健康的」偏褐色的糖時，其實混合著糖蜜吃下同樣分量的蔗糖。爲什麼那種形式的蔗糖就不是壞東西？

    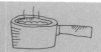

蛋白糖霜
Meringue Kisses

這種酥脆甜點幾乎完全是精製的白糖；特細的砂糖顆粒能夠迅速溶解在蛋白裡。蛋白糖霜舉世聞名的毛病是會吸收空氣中的水分，所以只能在很乾燥的日子製作。這份食譜需要三個蛋白。但是如果你有更多蛋白，就應用下面的公式：每多一個蛋白就增加一小撮塔塔粉，用力攪拌三大匙的細粒特砂白糖，以

及半茶匙香草精。攪拌均勻之後，慢慢混合一大匙細粒特砂。
然後繼續步驟3。

■材料

三只雞蛋蛋白，室溫
四分之一茶匙塔塔粉
十二大匙細粒特砂白糖
一茶匙半香草精

1. 烤箱預熱到華氏兩百五十度（攝氏一百二十一度）。用羊皮
   紙覆蓋兩個長方形平底烤盤底部。
2. 用打蛋器或電動攪拌器在小而深的碗裡攪拌蛋白與塔塔粉，
   逐漸打發。漸次加入九大匙白糖，直到混合均勻，將攪拌器
   拿起時可以形成挺立的尖峰。加入香草精攪拌。用刮刀將剩
   下的三大匙白糖輕輕拌入。
3. 在羊皮紙四角的背面塗上半茶匙蛋白糊，以免羊皮紙滑動。
   用茶匙舀起蛋白糊，放在覆有羊皮紙的烤盤上，形成火山
   狀。比較講究者可以使用特殊造型的奶油袋，擠出蛋白糊。
4. 放進烤箱，烤六十分鐘。讓蛋白糖霜在烤箱裡冷卻三十分
   鐘；自烤箱取出後，再冷卻五分鐘。放進不透氣容器，以保
   持糖霜的酥脆可口。

可以製作四十個蛋白糖霜。

烘焙師傅都用哪種糖？

為了讓糖在我的冰紅茶裡快速溶解，我加了一些糖粉進去。
但糖粉卻黏結成一塊一塊的，發生了什麼事？

這是個好主意，但你用錯糖了。

我們平常使用的是砂糖；也就是說，它是由單獨的顆粒構成的，每個顆粒都是純蔗糖結晶。但是糖粉因為被磨成細粉，傾向於吸收空氣中與蛋糕裡的水分（行話：糖的吸濕性）。為了避免這個問題，製糖廠為糖粉添加了約百分之三的玉米澱粉。在紅茶裡結成小塊的是澱粉，因為澱粉不溶於冰水。

你應該使用細白糖或者細粒特砂白糖；嚴格來說，這種砂糖不是粉末。特砂裡的糖晶體比普通砂糖更小，所以溶解更迅速。因為能夠在冷水裡迅速溶解，混合與溶化都更快速，冷飲業者和烘焙師傅都常使用它（有時候叫作「烘焙師傅的糖」）。

怎麼讓結塊的紅糖變軟？

我的紅糖都結成硬塊了，要如何軟化它？

那要看你是不是馬上要使用紅糖。有一種暫時有效的治標辦法──有效時間夠你取出一些紅糖來使用──還有一種更費時，但比較有效的辦法，能讓你的紅糖恢復成原來容易使用的狀態。

但是，我們首先要問的是，紅糖為什麼會變硬？答案是因為失去水分。拆封紅糖之後，沒有把它重新密封，就會變得比較乾燥。這不是你的錯：要把拆封的紅糖完全重新密封幾乎是不可能的事。所以使用之後，務必把剩下的紅糖放進不透氣的、更正確地說是不透水氣的容器裡，例如有螺紋蓋子的罐子，或者有氣密墊圈的食物儲存盒。

店裡販售的紅糖是覆蓋薄層糖蜜的白糖，糖蜜就是甘蔗汁蒸發析出純蔗糖晶體後留下的濃稠深色液體。因為糖蜜薄層有吸收水蒸氣的傾向，所以新鮮的紅糖總是很鬆軟的。但是如果紅糖暴露在乾燥的空氣中，糖蜜就會失去一些水分，硬化而黏結糖晶體，紅糖就變成團塊狀了。你的選擇是：恢復失去的水分，或者設法軟化已經變硬的糖蜜。

恢復失去的水分並不難，但需要時間。只要把紅糖和釋出水蒸氣的東西一起密封在不透氣的容器裡過夜就行了。建議使用的東西從一片蘋果、馬鈴薯、新鮮麵包到濕毛巾都行；或者，凡事認真的人會用一杯水。最有效的辦法或許是把糖放進有蓋的密閉容器，用一張塑膠膜覆蓋容器，塑膠膜上再覆蓋濕紙巾，全部密封在一起。經過大約一天或者等到紅糖夠軟時，扔掉紙巾與塑膠膜，重新密封容器。

很多烹飪書籍說：紅糖變硬是因為失去水分，這話沒錯；然而，它們告訴你可以在烤箱裡加熱來軟化紅糖──這好像在說烤

箱能夠恢復水分。烤箱當然不能恢復水分。實際發生的事是，熱力軟化或者弱化了糖蜜「黏著劑」，然後在冷卻時重新硬化。

某些紅糖的包裝袋上建議，把硬化的紅糖與一杯水一起放在微波爐裡加熱。但那杯水不是用來提供水分的，因為在微波爐運作的兩分鐘裡，水蒸氣沒有足夠的時間擴散穿透結塊的糖，賦予它水分。這麼做只是因為微波爐不能空燒，水杯裡的水是用來吸收一部分的微波。如果要軟化一杯以上的紅糖，大概就不需要那杯水。

我認識的一位廚師總是把紅糖暴露在廚房的空氣裡，於是紅糖迅速乾燥。如果紅糖變得太硬，他就滴幾滴熱水，用手揉搓，直到紅糖恢復原來的質地。這種做法對專業人士來說無所謂，但家庭烹飪者或許不認為揉搓紅糖是好玩的事。

談到糖蜜，一位前和平部隊成員告訴我，多年前他們在史瓦濟蘭，使用當地煉糖廠生產的糖蜜，噴在泥土路上來鋪路。糖蜜能夠迅速乾燥硬化，幾個月後才會磨損到露出泥土（公共工程部門的官老爺們請注意：如果不用瀝青，改用糖蜜，我們的道路可能會更耐用）。

如果其他辦法全都沒用，還有使用起來流暢無比、毫無障礙的Domino牌紅砂糖或不結塊砂糖。Domino公司的製造訣竅是把某些蔗糖分解（行話：水解）成兩種成分：葡萄糖和果糖。這種叫作「逆轉糖」的混合物會緊抓水分，所以水解的紅糖顆粒不會因為乾燥而結塊。但這種紅砂糖通常是用來撒在麥片粥之類的東西上，不是用來烘焙的，原因是紅砂糖的用量與一般紅糖不同。

如果急著軟化結塊紅糖，你那可靠的微波爐可以迅速解救你。用高強度加熱一分鐘或兩分鐘，每半分鐘用手指戳看看糖軟了沒有。微波爐的功能差別很大，所以確切的加熱時間並不一定。迅速量取你需要的分量，否則紅糖很快就會再度硬化。也可以在傳統烤箱用華氏兩百五十度（攝氏一百二十一度）加溫十到二十分鐘，來軟化紅糖。

甜菜糖就是蔗糖？

甘蔗糖與甜菜糖有什麼不同？

美國生產的糖一半以上來自甜菜，它的根莖形狀奇怪、呈淺褐色，類似肥短的胡蘿蔔。甜菜生長在溫帶地區，像是歐洲的大部分地區，還有美國明尼蘇達州、北達科塔州與愛達荷州；甘蔗則是熱帶作物，在美國的主要產地是路易斯安那州和佛羅里達州。

甜菜製糖廠的工作比較困難，因為必須消除甜菜裡許多味道怪異、氣息可怕的雜質。那些雜質會殘留在糖蜜裡，甜菜糖蜜只能用來當飼料──因此沒有可供食用的甜菜紅糖。經過精製之後，甘蔗糖與甜菜糖在化學成分上是相同的：它們都是高純度的蔗糖，因此應該無法區辨。煉糖廠不需要標示產品原料是甘蔗或甜菜，所以你可能使用甜菜糖而不自知。如果包裝上沒有標明「純甘蔗糖」，就有可能是甜菜糖。

某些老經驗的果醬製作者認為，甘蔗糖與甜菜糖就是不一樣。艾倫・大衛森（Alan Davidson）在他的著作《牛津食物百科全書》（*Oxford Companion to Food*）中，指出這個事實「應該能讓化學家謙虛地反省，在這方面，他們不是無所不知的」。沒錯！

甜菜
美國甜菜栽植協會提供

臭臭的硫精製出甜甜的糖？

我的祖母常常提到硫化糖蜜，那是什麼？

硫化糖蜜的那個「硫」字是很好的起點，可以暢談許多有趣的食物化學。

硫的老式拼法是sulphur，這是一種黃色的化學元素，常見的化合物包括二氧化硫與亞硫酸鹽。二氧化硫是硫磺燃燒產生的惡臭、令人窒息的氣體；據說地獄的空氣就是被二氧化硫污染──這個傳說或許是肇因於火山會從地球內部噴出硫磺氣味的氣體。

亞硫酸鹽遇酸就會釋出二氧化硫氣體，所以它們的作用與二氧化硫相同。也就是說，它們是漂白劑，也是殺菌劑。兩種性質都被應用在糖的精製上。

二氧化硫以前被用來淡化褐色甜郁的煉糖副產品「糖蜜」的顏色，同時殺死裡面的黴菌與細菌。經過處理的糖蜜稱作「硫化糖蜜」。今天生產的糖蜜幾乎全都沒有經過硫化。硫化糖蜜與曾祖母的老祕方「硫磺加糖蜜」不同，後者據說是在嚴冬之後可以「淨化血液」的一種春季進補飲料。她把兩茶匙硫磺粉末混合加進糖蜜裡，然後盡可能逮到所有小孩餵給他們吃。因為硫不溶於水，所以是無害的。

二氧化硫氣體也可以用來漂白櫻桃，然後給櫻桃染上迪士尼式的紅色與綠色，接著用苦杏仁油加味，泡在糖漿裡。這種俗氣的產品與它企圖模仿的產品一樣，叫作櫻桃酒。

亞硫酸鹽可以抗氧化（行話：亞硫酸鹽是還原劑）。「氧化」通常是指某種物質與空氣中的氧起作用，而且這個過程可能很有破壞力。請看鐵的生鏽──十足是氧化對金屬作用的範例。在廚房裡，氧化是讓脂肪腐敗的作用力之一。在酵素的幫助之下，氧化也讓切開的馬鈴薯、蘋果及桃子變成褐色。所以乾燥水果通常

會經過二氧化硫處理，以防止變色。

但是，「氧化」是一種遠比物質與氧氣起作用更普遍的化學作用。對化學家來說，氧化作用就是原子或分子被搶走一個電子的作用。被剝奪電子的「受害人」就是被氧化了。在人體裡，脂肪、蛋白質之類的重要物質，甚至DNA都會被氧化，造成它們無法圓滿執行維持人體正常生命過程的任務。箇中原因在於分子要靠電子來凝聚，當一個電子被奪走之後，一個「好」分子可能會分解為比較小的幾個「壞」分子。

最狼吞虎嚥的電子搶奪者，包括所謂的「自由基」，這些亟需電子的原子或分子碰上任何東西，都會下手搶奪電子。（電子喜歡成雙作對，自由基原子或分子裡含有單身、拚命找伴侶的電子。）因此，自由基能夠氧化攸關生命的分子，阻礙人體機能，造成早衰，甚至是心臟病與癌症。許多原因會造成人體出現某種數量的自由基。

抗氧化劑是救星！構成抗氧化劑的原子或分子能夠在自由基搶走重要物質的電子之前，就讓自由基吃飽電子。我們從食物中攝取的抗氧化劑包括維生素C與E、胡蘿蔔素（在人體裡變成維生素A），還有許多飽含脂肪產品的包裝上標明可以防止脂肪氧化的東西，例如丁基羥基甲氧苯（BHA）與二丁基羥基甲苯（BHT）。

回來談亞硫酸鹽。我們應該注意到某些人，尤其是氣喘患者，對於亞硫酸鹽非常敏感，吃下亞硫酸鹽幾分鐘之內就會頭痛、出蕁麻疹，以及呼吸困難。美國食品藥物管理局規定，含有亞硫酸鹽的產品應該特別標示——這種產品很多，從啤酒與葡萄酒到烘焙食品、果乾、加工海產、糖漿與醋都有。可以在食品包裝上尋找二氧化硫，或者以亞硫酸鹽結尾的化學物。

糖蜜和糖漿是不同的嗎？

糖蜜與高梁糖漿有什麼不同，那麼甘蔗糖漿又如何呢？

　　甘蔗糖漿是將淨化的甘蔗汁熬稠成為糖漿，就像將富含蔗糖的北美糖楓與黑楓的樹汁熬稠成為糖漿。黑樺樹汁也可以熬稠成為糖漿。

　　糖蜜（treacle）是英國用語。黑糖蜜略帶苦味。淺色糖蜜也叫作金黃糖漿，本質上就是甘蔗糖漿。在美國的健康食品店可以買到最受歡迎的牌子金獅糖蜜（Lyle's Golden Syrup）。

　　高梁糖漿（sorghum）的原料不是甘蔗也不是甜菜，而是強韌高莖、草本外型的穀類植物。高梁生長在世界各地炎熱乾燥的地區，大部分用來作為乾草或飼料。但某些品種的莖部木髓裡含有甜汁，可以熬稠成為糖漿。得到的產品就叫作高梁糖漿。

老　饕　廚　房

薑味糖蜜蛋糕
Molasses Gingerbread Cake

從殖民時期開始，美國人就把既甜又苦的糖蜜與植物香料搭配使用。這種深沉厚實的微濕蛋糕無論是搭配鮮奶油，或者單獨食用都很可口。不吃乳製品的人可以用四分之一杯加兩大匙的淡味橄欖油代替奶油。薑與糖蜜的強烈味道使人難以察覺前述改變。

■材料
兩杯半中筋麵粉

一茶匙半小蘇打

一茶匙肉桂粉

一茶匙薑粉

半茶匙丁香粉

半茶匙鹽

半杯（一條）奶油，融化後稍微冷卻

半杯糖

一個大雞蛋

一杯深色糖蜜

一杯熱水（不是沸水）

....

1. 烤箱架調整到中間位置。用不沾鍋噴劑噴灑八英寸見方的烤
   盤。金屬烤盤預熱到華氏三百五十度（攝氏一百七十七
   度），若是使用玻璃烤盤則預熱到華氏三百二十五度（攝氏
   一百六十三度）。

2. 在中碗裡，用木製湯匙混合麵粉、小蘇打、肉桂粉、薑粉、
   丁香粉與鹽。在大碗裡，用打蛋器混合融化的奶油、糖與雞
   蛋。在小碗或玻璃量杯裡，攪拌糖蜜與熱水，直到均勻。

3. 將三分之一的粉料倒入奶油與雞蛋的混合物裡，使粉料均勻
   濕潤；倒入二分之一的糖蜜水，攪拌均勻。加入三分之一的
   粉料調勻，再加入剩餘的糖蜜水；加入最後的三分之一粉
   料。攪拌到白色顆粒消失即可，不要過度攪拌。

4. 把麵糊倒入預熱的烤盤中，烤五十到五十五分鐘；或是將牙
   籤插入中心，拔起時不會沾黏，蛋糕邊緣稍微脫離烤盤邊緣
   即可。在烤盤裡冷卻五分鐘。

5. 趁著溫熱上桌，或是倒出來放在架上冷卻。這種蛋糕很耐
   放，室溫下可以保存數天。

可以製作九到十二人份。

一杯水可以溶化幾杯糖？

食譜要我在一杯水裡溶化兩杯糖。
那是行不通的，不是嗎？

為什麼不試試看？在淺鍋裡倒入一杯水，然後倒入兩杯糖，在文火上攪拌。你會發現，全部的糖都溶解了。

原因很簡單：糖分子可以擠到水分子之間的空隙裡，所以糖分子並沒有占用新的空間。如果我們檢視微觀層次，水並不是一堆緊密的分子。水有點像是開放的格子結構，分子之間用彈簧互相連接。這種格子結構可以容納的溶解顆粒數量之多，令人驚訝。糖尤其是如此，糖分子的構造讓它們非常喜歡和水分子扯在一起（行話：氫鍵），因此糖很容易與水混合。

事實上，你可以靠著加熱，強迫兩磅糖（五杯！）溶解在一

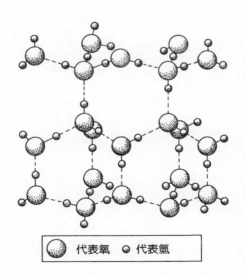

代表氧　　代表氫

水裡H₂O分子的排列。
虛線代表氫鍵，它在分子之間不停地斷裂與重新形成。

杯水裡。當然，到了那個地步，你已經弄不清楚是沸水裡溶解著糖，或是溶解的糖裡含有少量的水。

糖果就是那樣誕生的。

另一個原因是，兩杯糖其實沒有看起來那麼多。糖分子比水分子更大也更重，所以一磅糖，或者一杯糖的分子數目比水分子少。而且糖是顆粒狀的東西，而不是液體，所以顆粒之間不如你想像的那麼緊密堆積。令人驚奇的是，一杯糖裡的分子數目只有一杯水的二十五分之一。那就是說，在你的兩杯糖一杯水的溶液裡，每十二個水分子才有一個糖分子。這畢竟沒什麼了不得。

焦糖色和焦糖沒有關係？

食譜要我把洋蔥「焦糖化」。

焦糖化就是將食物加熱至呈現焦褐狀態嗎？

「焦糖化」（caramelize）這個字用來表示許多食物因為加熱而呈現焦褐狀態；嚴格地說，應該是只含有糖、不含蛋白質的食物被加熱而呈現焦褐狀態。

當一般的食用糖（蔗糖）被加熱到大約華氏三百六十五度（攝氏一百八十五度），就會溶解成無色液體。若繼續加熱，糖就會變黃，變成淺褐色，迅速地變成越來越深的褐色。在這個過程中，糖會呈現出獨特而香甜，越來越苦的味道。這就是焦糖化。從焦糖糖漿到牛奶糖到花生糖，許多甜食都使用焦糖化處理。

焦糖化包括了化學家尚未完全了解的一連串複雜的化學反應。但是焦糖化的起點是糖失去水分，終點是形成聚合物——許多小分子結合，形成長鏈的巨大分子。某些大分子具有苦味，且呈現褐色。如果過度加熱，糖會分解成水蒸氣與黑色的碳，就像你在烤棉花糖時沒有耐心一樣（嘿，孩子們：小心可別失火了）。

另一方面，如果少量的糖或澱粉（記住，澱粉是由糖構成的）與蛋白質或胺基酸（構成蛋白質的原料）一起加熱，就會發生另一種一連串的高溫化學反應：梅納反應（Maillard reaction）。法國生化學家路易斯‧梅納（Louis C. Maillard, 1878-1936）定性描述了它的第一步反應。糖分子的一部分（行話：醛基）與蛋白質分子裡的氮（行話：胺基）起作用，發生一連串複雜的化學反應，產生褐色聚合物，以及許多風味十足但還無法辨識的化合物。

食品科學家仍然想弄清楚梅納反應的進行細節。梅納反應將美好的風味賦予微焦的、含有碳水化合物與蛋白質的食物，例如燒烤過的肉（沒錯，肉類裡有糖）、麵包外皮與洋蔥。「焦糖化」

洋蔥確實有甜味,原因是除了梅納反應之外,加熱會讓某些澱粉分解成糖,然後糖真正焦糖化。不僅如此,許多焦糖化洋蔥的食譜還會加一茶匙糖,以助它一臂之力。

這個故事的重點是:「焦糖化」應該保留給在沒有蛋白質的情況下,糖類的焦化過程。當糖類或澱粉與蛋白質一起加熱時,如洋蔥、麵包與肉類呈現的焦褐色是因為梅納反應,而不是焦糖化。

一個徹底的壞消息,你在可樂飲料、低品質醬油和許多食品標籤上看到的「焦糖色」,其實是把糖的溶液與銨化合物一起加熱的結果。銨化合物的作用就像蛋白質裡的胺基。所以可以說,「焦糖色」其實是梅納色的一種。

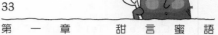

玉米其實就像糖一樣甜？

許多加工食品標示著「玉米甜味劑」或者「玉米糖漿」。
玉米裡怎麼有那麼多甜味？

　　我知道你在想些什麼。你前幾天在農夫市集買的玉米並不像小販所說的「像糖一樣甜」，對嗎？「甜玉米」確實比飼料玉米含有更多糖分，但是就算加強甜度的超甜新品種，玉米的糖分仍然比甘蔗或甜菜少得多。為什麼玉米提煉的糖比甘蔗糖或甜菜糖的使用更普遍呢？

　　有兩個原因，一個是省錢，還有一個是化學。

　　美國生產的甘蔗糖與甜菜糖無法滿足兩億七千五百萬愛吃甜食的人，所以必須進口一些糖。事實上，美國進口的糖大約是出口的六十倍。但是大部分的進口糖來自農業技術不穩定、政治不安定，或美國政府不喜歡的國家，所以糖的進口一向帶有略微賭博的意味。另一方面，美國生產數量龐大的玉米——以重量而言，至少是甘蔗的六千倍。如果能從美國生產的玉米得到國內需要的糖，問題就解決了。

　　我們做得到。我們不會受限於玉米微少的糖分。靠著化學的魔力，我們能夠從澱粉製造糖。玉米裡的澱粉遠多於糖分。

　　我們在玉米粒裡能夠找到什麼呢？如果去掉玉米粒裡的水分，剩下的百分之八十四是包括糖、澱粉與纖維素在內的碳水化合物家族。玉米粒的外殼是由纖維素構成，其他東西的主要成分是澱粉。

　　澱粉與糖是關係很密切的兩類化學物。事實上，澱粉分子就是好幾百個比較小的單純葡萄糖分子連接在一起。所以理論上，如果我們能夠切割澱粉分子，就能夠製造出幾百個葡萄糖分子（單醣）。如果切割不完全，就會出現一些麥芽糖，也就是兩個葡

萄糖分子連在一起的那種糖（雙醣）。也會出現一些更大的片段，幾十個葡萄糖分子連在一起（多醣）。比較大的分子不像小型分子能夠輕易滑開，所以最後的混合物會相當黏稠，呈現漿狀──那就是玉米糖漿，包括在超級市場賣的瓶裝玉米糖漿。深色玉米糖漿比淺色玉米糖漿更有風味，因為它含有一些煉糖廠的糖漿，也就是……糖蜜。

幾乎任何一種酸，還有許多來自動植物的酵素，都能夠把澱粉分子分解成為混合各種醣類的糖漿（酵素是一種生化物質，能夠幫助某個特定化學反應迅速有效地進行〔行話：酵素是天然觸媒〕。若是沒有酵素，許多不可或缺的生命現象根本不會發生，或者速率慢到無法發生作用）。

甘蔗、甜菜與楓樹糖漿所含的糖都是蔗糖，但其他糖就不像蔗糖那麼甜了。換言之，玉米糖漿裡的葡萄糖與麥芽糖，分別只有蔗糖的百分之五十六與百分之四十那麼甜。如果分解玉米澱粉，平均大約有蔗糖的六成甜度。

食品製造商採取的對策是，加入比蔗糖甜百分之三十的果糖──利用另一種酵素轉變葡萄糖成為替代的分子形式。那就是味道很甜的汽水、果醬與果凍之類的食品標籤上，時常會出現的「高含量果糖玉米糖漿」。

不同的糖會表現出略微不同的甜度，玉米甜味劑嚐起來也和老式蔗糖不同。舉例來說，改用玉米甜味劑製造的果醬和汽水，就是和之前使用蔗糖的味道不同。

身為注意產品成分的消費者，你能做的是選擇蔗糖比例最高的產品，標籤上的「sugar」就是蔗糖（如果含有其他種類的糖，會用複數sugars表示）。在生產甘蔗的熱帶國家，那裡的可口可樂無疑是用蔗糖製造的，而不是美國製造商使用了十幾年的玉米甜劑。帶幾瓶回家，和美國的「經典」可樂做個比較。

無糖巧克力＋糖
＝甜巧克力？

除了含糖量的不同，
無糖巧克力、半糖巧克力與甜巧克力有什麼不同？

　　有的。我們先來看看巧克力的製造過程。在熱帶可可樹的主幹和粗枝上，甜瓜型豆莢裡的種子就是可可豆。人們首先把可可豆從豆莢裡取出，堆成數堆，用葉子覆蓋，讓它們發酵。微生物與酵素進入果肉，殺死胚芽，消除一部分苦味，把灰白色的種子變成淡褐色。

　　接著將乾燥的可可豆運到巧克力工廠，進一步烘焙來改進豆子的味道與顏色，將外殼與果肉分離，研磨成粉。研磨的摩擦熱力會溶化可可豆的主要成分 —— 大約百分之五十五是植物脂肪 —— 通常稱作可可油。研磨的結果就是黏稠褐色的苦味液體，叫作巧克力液；磨碎的固形物浮懸在溶化的脂肪裡。所有巧克力產品都是從這個原料開始的。

　　巧克力液冷卻凝固之後，就是店裡賣的烘焙用無糖 —— 或稱黑巧克力 —— 巧克力磚。美國食品藥物管理局要求這種無糖巧克力含有百分之五十到百分之五十八的脂肪。

　　脂肪與固形物可以分離，用不同的比例混合糖及其他成分，來製作數百種不同風味與特性的巧克力。巧克力奇妙之處在於，它的脂肪會在華氏八十六度至九十七度（攝氏三十度至三十六度）溶化，恰好比人的體溫低一些；所以巧克力在室溫時比較硬而爽脆，但是入口即化，釋出獨特風味，產生柔滑口感。

　　半糖或苦甜巧克力是加工過的巧克力液、可可油、糖、乳化劑，有時添加香草風味。這種巧克力溶化時比無糖巧克力更像液體，具有絲緞般的光澤，很適合用於蘸浸。店裡銷售塊狀或條狀

的半糖巧克力供烹飪用，但因為它可能只含有百分之三十五的脂肪（糖降低了脂肪的百分比），烹飪特性與含有更多脂肪的無糖巧克力不同。因此，無糖巧克力加糖並不能用來代替食譜裡提到的半糖或苦甜巧克力。更複雜的是，不同品牌之間的差異很大，某些苦甜巧克力比半糖巧克力含有更高的巧克力液對糖的比例。

往更甜的方向移動，有好幾百種至少含有巧克力液百分之十五以上的半糖巧克力與甜巧克力。添加牛奶會降低巧克力液的百分比，所以牛奶巧克力含的巧克力液（百分之十至百分之三十五），通常少於黑巧克力（百分之三十至百分之八十）。牛奶巧克力的味道也沒有黑巧克力那麼苦。美國製造的甜巧克力、半糖巧克力、苦甜巧克力與牛奶巧克力，都必須符合食品藥物管理局設定的成分標準。

高品質巧克力在做成條狀或包覆各種餡料之前，必須經過兩個重要程序：揉壓與控溫。揉壓是在華氏一百三十度至一百九十度（攝氏五十四度至八十八度）的控溫槽裡，揉壓巧克力混合物，長達五天之久——讓巧克力得以充分接觸空氣，排除濕氣與可揮發性酸——可以改進味道與口感。然後是控溫，仔細地降低溫度，讓巧克力逐漸冷卻，脂肪結晶成很小的晶體（大約百萬分之四十英寸或千分之一公釐），而不是口感粗糙的較大型晶體（千分之二英寸或百分之五公釐）。

時至今日，我們有許多品質優良的巧克力可供烹飪之用。品質取決於許多因素，包括如何調配可可豆（大約有二十個商業等級）；烘焙的方式與程度；揉壓、控溫與其他加工過程；當然還有可可油與其他原料的成分。

巧克力慕斯
Chocolate Velvet Mousse

因為富含可可油，巧克力很容易與奶油或奶油裡的乳脂肪混合均勻，也因此產生了幾十種甜美、柔滑的巧克力甜點。但現在要使用的是橄欖油，而非奶油，來製作巧克力慕斯。

■材料

六盎斯頂級半糖黑巧克力，剁碎
三個大雞蛋，將蛋白與蛋黃分開
三分之二杯細粒砂糖，過篩
四分之一杯雙份濃縮咖啡，室溫；或一大匙即溶濃縮咖啡
兩大匙覆盆子酒或君度橙酒
四分之三杯特級橄欖油
新鮮覆盆子

---

1. 巧克力放在小碗裡，用微波爐溶化，或放在淺鍋裡，用很小的文火溶化。讓它冷卻。

2. 蛋黃與細粒砂糖放在中碗裡，用電動攪拌器中速攪拌均勻。加進咖啡與葡萄酒，並且稍微攪拌。再加入巧克力。加進橄欖油，攪拌均勻。

3. 徹底洗淨攪拌器，將油脂完全清除。在另一個中碗裡打蛋白至起尖。將三分之一蛋白糊輕輕拌入巧克力，直到色澤均勻；每次三分之一，慢慢調勻。不要過度攪拌。

4. 把慕斯倒進美麗的碗或甜點盤裡，加蓋，放進冰箱冷卻。與覆盆子一起上桌。不，慕斯不會塌掉，嚐起來也不油膩。

可以做六人份。

荷蘭式可可和美國式可可有什麼不同？

什麼是荷蘭式可可？

這種可可與一般可可在應用上有什麼不同？

製造可可必須將無糖巧克力（凝固的巧克力液）所含的大部分脂肪抽出，再把剩下的固體磨成粉。我們依照剩下的脂肪量，區分成幾類「常見」的可可粉。美國食品藥物管理局規定「早餐可可」或「高脂可可」必須含有至少百分之二十二的可可油。如果只標示出「可可」，它可能含有百分之十至百分之二十二的可可油。「低脂可可」必須含有不到百分之十的可可油。

荷蘭人康拉德・范豪騰（Conrad J. van Houten）在1828年發明荷蘭式可可製程，將烘過的可可豆或凝固的巧克力液經過鹼處理（通常是碳酸鉀），使得顏色變深，味道更為濃醇。賀喜巧克力公司（Hershey）把它的荷蘭式可可稱作「歐式」可可。

可可原本就具有酸性，荷蘭式製程裡使用的鹼可以中和酸。因此，使用兩種製程的可可烘焙蛋糕，食譜內容會不盡相同，因為酸性的可可加上小蘇打會產生反應，放出二氧化碳增加發酵，但是中性的荷蘭式可可就沒有這個問題。魔鬼蛋糕是個有趣的例子。大部分的食譜使用普通可可粉，蛋糕卻呈現出魔鬼般的紅色，就好像使用了荷蘭式可可一樣。那是因為我們使用小蘇打發酵，鹼性的小蘇打把可可「荷蘭化」了。

在美國，「可可」一詞讓人想到熱的、巧克力口味的飲料。但是美國人所說的可可或者「熱巧克力」，和墨西哥的熱巧克力相比，就像把脫脂牛奶與新鮮奶油相提並論一樣。主要的原因是，美國的可可粉將原先所含的脂肪都抽取掉了。另一方面，因為墨西哥的熱巧克力使用含有完整脂肪的純巧克力液，濃稠得讓

你無法想像。

幾年前在墨西哥南部城市瓦哈卡（Oaxaca），我看到發酵並烘焙過的可可豆與糖、杏仁、肉桂一起研磨，從機器流出的是閃亮黏稠的褐色膏狀物──甜蜜又添加了香料的巧克力液。巧克力液被倒進圓型或雪茄狀的模型裡，冷卻之後，就可以販賣了。

在廚房裡，可以將一、兩塊這種墨西哥巧克力切碎加入沸水或牛奶裡，做成濃郁美味的泡沫可可。在瓦哈卡，人們會用特製的廣口杯裝盛可可，搭配富含蛋黃的墨西哥麵包。在西班牙，我曾經吃過油炸餡餅搭配風味濃郁的巧克力飲料。

許多人同意，長遠來看，在西班牙征服者從新世界帶走的寶物之中，巧克力比黃金更有價值。在美國可以買到伊瓦拉（Ibarra）牌和Abuelita牌的墨西哥巧克力。

老 饕 廚 房

魔鬼蛋糕
Devil's Food Cupcakes

普通可可被鹼性的小蘇打「荷蘭化」，形成魔鬼蛋糕的紅色。你可以改用荷蘭式可可讓顏色更紅，味道更香醇。口感則沒有差異。

■材料
半杯無糖可可粉
一杯沸水
兩杯中筋麵粉
一茶匙小蘇打
半茶匙鹽
半杯無鹽奶油，室溫軟化

What Einstein Told His Cook

一杯糖
兩個大雞蛋
一茶匙香草精

1. 烤箱預熱到華氏三百五十度（攝氏一百七十七度）。用不沾
   鍋噴劑噴十八個杯子蛋糕模型，或者在模型裡放上襯紙。
2. 可可粉放在小碗裡，慢慢加水，用湯匙攪拌成均勻膏狀。放
   在一邊冷卻。
3. 在小碗裡，混合麵粉、小蘇打與鹽。在中碗裡，使用電動攪
   拌器中速攪拌奶油與糖，使它們蓬鬆。一次加入一個蛋，攪
   拌到充分均勻。加入溫熱的可可醬，攪拌均勻。
4. 倒進小碗裡的粉料，攪拌均勻。不要過度攪拌。
5. 量取三分之一杯麵糊，倒進蛋糕模型。大約到四分之三的模
   型高度。烤十五分鐘，或將牙籤插進蛋糕中央，拔出時不會
   沾黏麵糊即可。

可以做十八個兩英寸半的杯子蛋糕。

摩卡可可糖霜
Mocha Cocoa Frosting

■材料
三杯糖粉
半杯無糖可可粉
三分之一杯無鹽奶油，室溫
半茶匙香草精
一撮鹽
三分之一杯冷的濃咖啡

1. 在碗上安放濾網，將糖粉與可可粉倒在網上，用湯匙背面或橡膠抹刀施壓摩擦結塊的原料。
2. 使用電動攪拌器，攪拌奶油至柔滑為止。加進香草精與鹽。加入砂糖與可可粉，攪拌均勻。酌量加入咖啡，形成均勻、可以塗敷的糖霜。

可以做出一又四分之三杯，足供十八個杯子蛋糕所需的糖霜。

白巧克力不是巧克力做的？

白巧克力沒有咖啡因嗎？

對，它也沒有巧克力。

白巧克力是用可可豆的脂肪（可可油），加上牛乳固形物和糖做成的。它完全沒有可可豆裡那些奇妙、卻賦予巧克力獨特個性與濃郁風味的褐色不詳固形物。如果選擇白巧克力甜點來避免攝食咖啡因，請記住，可可油是高度飽和脂肪。你不可能占盡好處。

除了欺騙，更加侮辱人的是，某些所謂白巧克力根本不是用可可油做的；它們用的是氫化的植物油。請務必注意標籤上的成分說明。

    老　饕　廚　房

白色布朗尼
White Chocolate Bars

如果巧克力可以是白色的，為什麼不可以做白色布朗尼？利用椰蓉增加嚼勁，讓堅果增加爽脆口感；儘管臉色蒼白，仍然可以吸引所有巧克力迷。

■材料
兩杯中筋麵粉
半茶匙小蘇打
四分之一茶匙鹽
四分之三杯（或者一條半）無鹽奶油，室溫，切成塊狀

一杯深色紅糖

兩個大雞蛋

半杯甜味椰蓉

兩茶匙香草精

十盎斯白巧克力，大略切碎

一杯核桃，大略切碎

一些糖粉

1. 烤箱預熱到華氏三百度（攝氏一百四十九度）。在九英寸寬，十三英寸長的烤盤噴灑烘焙用不沾鍋噴劑。

2. 在中碗裡，均勻混合麵粉、小蘇打和鹽。在另一個中碗裡，使用電動攪拌器，攪拌奶油和糖。一次加入一個蛋，攪拌均勻，再加入椰蓉與香草精。加入粉料，用木製湯匙攪拌均勻。拌入切碎的碎巧克力與核桃，使它們分布均勻。應該呈現出扎實的麵糰質地。

3. 將麵糰刮進烤盤。填滿四個角落，用抹刀抹平表面。烤四十分鐘至四十五分鐘，或是烤到中央部分成形，表面呈金黃色，將插入的牙籤拔出時不會沾黏。取出烤盤，放在鐵絲架上冷卻。撒上糖粉，切成兩英寸寬、三英寸長。室溫下可以保存幾天，也可以冷凍保存。

大約可做十八個。

只甜你口，代糖不是糖？

餐桌上有各種小包代糖，這些品牌到底有什麼不同？

我不認為一茶匙十五卡的糖會嚴重威脅我的生存，所以我從來不用代糖。但是對於糖尿病患者及其他必須限制糖分攝取的人來說，代糖是個恩物。

人工甜味劑，也叫作代糖，在美國上市前必須經過食品藥物管理局核准。目前獲准使用的四種代糖是阿斯巴甜（aspartame）、糖精（saccharin）、醋磺內酯鉀（acesulfame potassium）與蔗糖素（sucralose）。其他代糖正在評估中。阿斯巴甜是有營養的甜味劑，這是說它以卡路里的形式提供人體熱量，然而其他代糖是沒營養的，也就是沒有卡路里。

阿斯巴甜比蔗糖甜一百倍至兩百倍，是紐特（NutraSweet）牌與怡口（Equal）牌代糖的主要成分。阿斯巴甜是天多胺酸與苯丙胺酸兩種蛋白質的綜合物，因此與任何蛋白質一樣，每公克含有四卡路里；也就是說，和每公克糖一樣，含有四卡路里。但是因為它比蔗糖甜非常多，所以只要用一點點就夠了。

因為每一萬六千人中就有一人罹患基因疾病苯酮尿症（PKU），也就是身體缺乏消化苯丙胺酸所需的酵素，所以阿斯巴甜必須加註標籤警告說：「苯酮尿症患者注意：本品含有苯丙胺酸。」雖然有大量電子郵件與網際網路訊息宣稱：阿斯巴甜涉及從多發性硬化症到腦部傷害的種種嚴重疾病，但是除了苯酮尿症患者之外，食品藥物管理局無條件准許非大量使用阿斯巴甜。

糖精問世已經超過一百二十年了，它的甜度大約是蔗糖的三百倍，是Sweet'n Low品牌使用的人工甜味劑。

多年來，糖精時而遭到美國政府禁用，時而准許使用。最後一回合的拉鋸戰始於1977年，食品藥物管理局基於加拿大的研

究顯示，糖精會造成老鼠罹患膀胱癌，所以建議禁用糖精。但是因為從來沒有證據顯示糖精會造成人類罹患癌症，反對的聲浪造成國會通過暫時禁止強迫糖精下市。這個暫時命令延長了好幾次，但是含有糖精的產品仍然必須加註標籤警告：「使用本品可能有害健康。糖精確實會造成實驗室動物罹患癌症。」2001年開年不久，美國衛生部進行的廣泛研究認為，沒有充分證據顯示糖精是人類的致癌物，於是布希總統廢除了警語的要求。

醋磺內酯鉀有時會寫成acesulfame K，它的甜度是蔗糖的一百三十倍至兩百倍，為Sunett牌與Sweet One牌使用的甜味劑。它與其他甜味劑混合使用在全世界幾千種產品裡。雖然1998年食品藥物管理局核准了這種成分，但因為它在化學上類似糖精，遭到消費者權益團體抨擊。

蔗糖素以它的商標Splenda為人所知，甜度是蔗糖的六百倍，在1999年獲得食品藥物管理局核准，可以應用在所有食物中。它是蔗糖的氯化衍生物（行話：蔗糖裡的三個羥基被三個氯原子取代），因為不會在人體裡被大量分解，所以沒有卡路里。由於很少分量的蔗糖素就非常甜，因此通常會混合澱粉狀的麥芽糊精來增加體積。

無論是哪一種人工甜味劑，如果大量攝取都有害健康。儘管相同的說法大約適用於地球上每一種物質，包括我們的食物在內（有人要吃十磅爆米花嗎？），但每一種甜味化學物都遭到激烈的反對。

在我們離開代糖話題之前，你可能已經注意到（如果你像我一樣仔細讀標籤）無糖食品裡的山梨醇成分。它不是糖，也不是人工合成代糖，而是漿果與某些水果裡天然存在的醣醇類，大約有蔗糖的一半甜。山梨醇有保持水分的特性，所以被用來保持加工食品、化妝品與牙膏的潮濕安定及質地柔軟。正因為保持水分的特性，食用太多山梨醇可能會造成腸子裡保留太多水分，成為一種瀉藥。過度愛吃無糖食品的人有理由後悔他們的放縱。

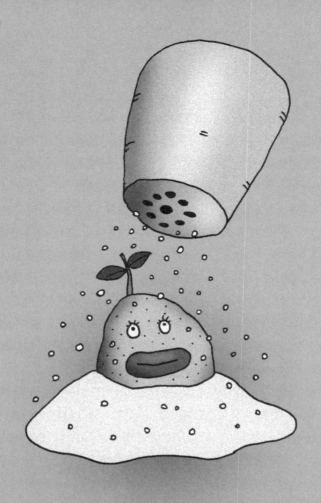

第二章

大地之鹽

關於鹽的9個科學謎題

在堪薩斯州哈金森（Hutchinson）與周圍幾千平方英里地下，埋藏著大量叫作鹽岩的岩石狀珍貴礦物。幾家大型礦業公司每年共開採約一百萬噸，但那還不到世界年產量的百分之零點五。

我們要那麼多鹽岩做什麼？除了其他用處，我們還食用它——鹽是人類唯一食用的天然岩石。人們也稱這種晶體礦物為岩鹽（rock salt）。與某些人隨身攜帶的，據說具有療效的晶體不同，岩鹽晶體真的能夠維持我們的生命與健康。

普通食鹽——氯化鈉——或許是人類最珍貴的食物。不只因為鹽裡面含有的鈉與氯（行話：離子）是我們生存必需的營養，而且鹹味是人類的基本味覺之一。除了本身的味道，鹽似乎具有增強其他味道的魔力。

「鹽」這個字眼不只是用來描述單一物質。在化學方面，鹽是一整族化學物的泛稱（行話：鹽是酸與鹽基作用的產物，例如氯化鈉是鹽酸與苛性鈉的反應產物）。在烹飪上，具有重要性的其他鹽類還有：在低鈉食譜中代替鹽的氯化鉀；添加在食鹽裡提供碘的碘化鉀；以及用來醃製肉類的硝酸鈉與亞硝酸鈉。在本書裡，除非另有說明，我和非化學專業的人一樣：使用「鹽」這個字來表示氯化鈉。

面對許多種類的鹽，我們所說的「鹽味」能不能指稱氯化鈉的獨有味道？無疑是不能的。嚐一下氯化鉀「代鹽」，你會形容它是鹽味，但與熟悉的氯化鈉味道不同，就像不同的糖與代糖會表現出不同的「甜味」。

除了提供養分，作為調味料之外，幾千年來人類使用鹽來保存肉類、魚類與蔬菜，以供狩獵與收成之後很久食用。

雖然本章無法解答鹽的營養與調味特性，但是我能夠揭示鹽在人類的食物及食物保存方面扮演的物理與化學角色。

喝調酒應該用比較粗的鹽？

超市裡昂貴的「爆米花鹽」，
與「調酒專用鹽」有什麼不同之處？

就化學上來說，兩者絕無特殊之處。它們就是普通的鹽：氯化鈉。但就物理而言，它們要不是比食鹽的顆粒更細，就是更粗。如此而已。

市面上銷售的特殊用途的鹽，種類多到令人吃驚。世界最大的製鹽廠商嘉吉鹽業公司（Cargill Salt, Inc.）製造大約六十種食用鹽，提供給食品製造商與消費者使用；包括大塊、小塊、粗粒、特細粒、超細粒、粉末，還有至少兩種脆捲餅用鹽。

就化學面而言，這些鹽全都是純度超過百分之九十九的氯化鈉，但它們各有針對不同用途而設計的物理特性，從薯片、爆米花，到烤堅果、蛋糕、麵包與乳酪。

喝瑪格麗特調酒時，你需要能夠沾在杯口檸檬汁上的粗粒晶體。（你是用檸檬汁，不是嗎？天理難容，難道你用水？）顆粒比較細的鹽會溶解在檸檬汁裡。另一方面，對於爆米花，你需要的恰恰相反：可以進入玉米花的裂縫，留在那裡的細小到幾乎呈粉狀的顆粒。一般桌上的撒鹽瓶裡的鹽粒不會沾在乾的食物上，它們就像印地安那瓊斯電影裡山崩的假岩石一般彈開。

但是，何必為了標籤名稱的不同，花費高價買普通的氯化鈉呢？猶太鹽（Kosher salt）的顆粒粗到足夠用來覆蓋瑪格麗特調酒的杯口，儘管族裔不融合，效果倒是很好。

至於爆米花，我用研缽把猶太鹽磨成細粉。特別讓我感冒的是一種每磅幾乎五美元的「爆米花鹽」（每磅食鹽大約三美分）。標籤大剌剌地說：「成分：鹽。」那倒是實話。但它接下去吹噓說：「也能美化炸薯條與玉米的風味。」這可真了不起。

老 饕 廚 房

油炸杏仁
Tapas Almonds

西班牙的小酒吧會免費奉送加鹽的油炸杏仁。它們會讓人吃上癮。你可以自己在家裡油炸,或者少吃點油,在烤箱裡烘烤製作。無論用哪一種方法,最好先在研缽裡把猶太鹽磨成細粉。或者,可以用香料研磨器來磨鹽,只是在下一次研磨香料前要先清理乾淨。

■材料
一茶匙猶太鹽
兩杯去皮杏仁(四分之三磅)
半杯特級橄欖油

油炸處理
1. 使用研缽或香料研磨器,把鹽磨成細粉(食物料理機的研磨效果不好)。
2. 將半杯橄欖油倒進中型淺鍋,加入杏仁。把淺鍋放在爐火上,開中火。在加熱的同時,持續攪拌,直到油開始滋滋響,杏仁逐漸變色。
3. 杏仁呈現褐色時,用鍋鏟撈出,放到吸油紙上,瀝去油分。不要等到杏仁呈深褐色。趁著杏仁微溫時,放到大碗裡,撒上鹽粉,攪拌均勻。
4. 橄欖油不必倒掉,它還沒有到大幅劣化的程度。油冷卻之後,倒進瓶子裡,放在陰涼處。可以用來炒菜。

可以製作大約兩杯,或八人份。

烤箱處理

1. 烤箱預熱到華氏三百五十度（攝氏一百七十七度）。杏仁放進烤盤裡，澆上一茶匙橄欖油，攪拌均勻。

2. 烤十二分鐘至十四分鐘，直到杏仁呈現褐色，中途輕輕攪拌一次。

3. 從烤箱裡取出杏仁，放入大碗，撒上鹽粉，輕輕攪拌均勻。

鹽能讓肉變軟？

肉質軟化劑的標籤上寫著大部分的成分是鹽。
鹽能夠軟化肉類嗎？

只能稍微軟化一點。如果你繼續讀標籤，就會發現木瓜酶
（papain）這種生木瓜裡含有的酵素。真正軟化肉類的是木瓜
酶。鹽只是用來稀釋含量相對很少的木瓜酶，我猜廠商或許是認
為鹽比沙更受歡迎。

有幾種方法可以軟化肉類。一塊鮮肉在它成為鮮肉之後的幾
個星期會逐漸軟化。所以有些商家會讓肉類熟成——在華氏三十
六度（攝氏二點二度），有濕度控制的環境中懸掛兩週至四週。
有些肉類可以在華氏六十八度（攝氏二十度）下，經過四十八小
時迅速熟成。所有熟成過程都明顯需要時間，但時間就是金錢，
所以很多肉類根本沒有經過熟成處理。熟成處理不只能軟化肉
質，也會改進肉的味道，所以少了這道手續是很可惜的。

但是水果裡含有好幾種酵素能夠分解蛋白質，可以用來軟化
肉類。這些酵素包括鳳梨裡的鳳梨酶（bromelain）、無花果蛋白
酶（ficin），還有木瓜的木瓜酶。但是它們透入不夠深，只能軟
化肉的表面——對牛排來說，沒有多大幫助。還有，超過華氏一
百八十度（攝氏八十二度）的溫度會摧毀它們，所以只能在烹飪
之前使用。

有什麼解決之道呢？尋找提供充分熟成肉類的廠商（現今很
難找到），或者購買比較柔軟的肉品部位。當然，它們也會比較
昂貴。在超市的調味品區域，仔細閱讀漢堡、豬肉等等「調味粉」
的標籤，你會發現最主要的成分，也就是標籤上列出的第一個成
分，就是鹽。繼續讀下去，你只需要購買其中列出的一、兩種調
味料，在烹煮時自己調味就行了。犯不著花調味品的代價，買大
部分成分是鹽的商品。

無鹽食品真的不含鹽嗎？

我看到超市裡有各式各樣的代鹽產品。
它們比真正的鹽安全嗎？

「真正的」鹽就是氯化鈉。安全方面的爭議在於它所含的鈉，沒有人責怪氯造成什麼危害。使用代鹽的目的是降低或消除所有的鈉。

飲食裡的鈉一直被認為是造成高血壓的因素，但醫學研究人員對這件事並沒有多少共識。有人相信鈉會造成高血壓，也有人不這麼認為。雖然沒有明確證據，大家似乎傾向於認為鈉有害健康。和所有醫學研究一樣，對於某種飲食習慣能夠確定的最壞結論是──「增加」某某事情發生的「風險」。那並不是說「一吃就死」。風險只是一種或然性，不是必然性。話雖如此，減少鈉的攝取量應該不是壞事。

醫學上的不確定性並未能阻止龐大的食品工業推出「鈉恐懼」產品。代鹽通常是氯化鉀，也就是氯化鈉的化學雙胞胎；嚐起來像鹽，卻表現出不同的鹹味。兩者都是化學鹽類大家族的成員；只因為氯化鈉最普遍，人們就將氯化鈉叫作「鹽」，好像它是唯一的鹽類。

但是，你可以看到化學家邊走邊笑地經過超市的無鹽商品區；老天為證，那裡的氯化鉀絕對是化學上所謂的鹽，標籤上卻宣稱這裡「無鹽」──那只是因為食品藥物管理局准許又用「鹽」這個字表示氯化鈉。

莫頓鹽業（Morton）出品的混合低鹽（Lite Salt Mixture），是以一比一等比混合氯化鈉與氯化鉀，提供想減少鈉的攝取，又想得到氯化鈉獨特風味的人使用。

最後，還有自稱提供百分之百「真正的鹽」的Salt Sense產

品，它宣稱「每茶匙的鈉減少了百分之三十三」。這個說法會讓化學家感到不安，因爲氯化鈉是一個鈉原子配一個氯原子構成的，也就是氯化鈉永遠含有同樣重量比例的鈉：百分之三十九點三（氯原子比鈉原子重）。所以，「眞正的鹽」所包含的鈉是不能隨意更改的，就好像一美元不能不等於一百美分。

這是什麼花招？關鍵在於「茶匙」一詞，一茶匙的Salt Sense眞的減少了百分之三十三的鈉。因爲一茶匙的Salt Sense就減少了百分之三十三的鹽。Salt Sense是蓬鬆的鹽晶體，所以一茶匙裝不了相同分量的普通食鹽。如果你使用與普通食鹽相同分量的Salt Sense，那就眞的減少了百分之三十三的鹽，也就是比較少的鈉。就像某品牌的冰淇淋藉著打入更多空氣，而宣稱每一口都減少了百分之三十三的卡路里（是的，有廠商這樣做）；減少的其實是冰淇淋的分量。

在Salt Sense的標籤底部，用小字註明了「（Salt Sense與普通食鹽）一百公克都含有三萬九千一百毫克的鈉」。這就對了。如果你取用相同重量，而不是相同的茶匙數，Salt Sense只不過是鹽加上一種添加物：創意行銷。

好吧，愛挑毛病的傢伙，你注意到三十九點一不等於三十九點三。那是因爲Salt Sense的純度只有百分之九十九點五。

煮義大利麵為什麼要加鹽？

煮義大利麵時，為什麼要在沸水裡加鹽？
那樣會讓麵條更快煮熟嗎？

幾乎所有烹飪食譜，都要我們在煮義大利麵或馬鈴薯之前，先在沸水裡加鹽；我們恭謹奉行，從來沒問為什麼。

加鹽的原因很簡單：就像烹煮其他食物一樣，加鹽可以提味。只是這樣而已。現在，每一個稍微認真上過化學課的讀者都會質疑，並且認為：「在沸水裡加鹽可以提高沸點，水溫會更高，能夠更快煮熟食物。」

我會給這些讀者化學成績優等，但是他們的基本食物知識很差。溶解在水裡的鹽——或者任何東西（稍後會解釋）——都會讓水在海平面的沸點高於華氏兩百一十二度（攝氏一百度）。但是就烹飪而言，那種溫度並不足以造成差別，除非鍋裡的鹽多到可以用來溶解車道上的結冰。

每位化學家都會樂意為你計算，要煮一磅義大利麵，將一大匙食鹽（二十公克）加入五夸脫的滾水裡，可以提高水溫華氏七百分之一度。那大約可以縮短半秒鐘的煮麵時間。如果有人那麼急著要麵條上桌，或許應該考慮用滑板從廚房滑到餐廳。

當然，身為好為人師的教授，我覺得現在一定要告訴你，為什麼鹽會提高水的沸點，雖然成效極為有限。讓我用一個段落的篇幅來說明。

為了蒸發，也就是變成水氣或者蒸氣，水分子必須掙脫與其他液態水分子之間的聯繫。因為水分子相互的聯繫力很強，所以靠著熱力幫助它們掙脫本來就夠困難了，但是如果有外來粒子夾雜在水裡，事情就更難了：鹽的粒子（行話：鈉離子和氯離子）或者其他溶質會造成阻礙。因此，水分子需要更大的力量，也就

是更高的溫度，以便逃脫到自由的空氣中（可以向你友善的街坊化學家請教關於「活性係數」的問題）。

　　現在，回頭來談廚房的事。不幸的是，除了沸點之外，還有更多關於加鹽到水裡的胡說八道。最常聽到的神話就是，加鹽到水裡得講究精確時間。甚至最有聲望的烹飪書也這麼告訴我們。近來出版的一本義大利麵食譜說：「習慣上，先加鹽到沸水裡，然後加入義大利麵。」接著，則是警告說：「在水沸騰之前加鹽，可能會造成不好的餘味。」它的建議順序是：(1)將水煮沸；(2)加鹽；(3)加入義大利麵。另一本食譜卻告訴我們：「加入鹽與義大利麵之前，先把水煮開。」並沒有提到鹽與麵條之間，哪一個先加入的重大問題。

　　事實上，只要是在鹽水裡煮麵條，無論加鹽時水煮沸了沒有，結果都是一樣的。無論是熱水或微溫的水，鹽很容易就會溶解在水裡。就算鹽沒有立即溶解，沸騰造成的翻攪也會立即讓鹽溶解。只要溶解了，鹽就沒有關於時間或溫度的記憶──進入水裡的精確時間，或是在什麼溫度下，一頭栽進水裡。因此，不可能煮出不同的麵條。

　　我聽到一位廚師說：鹽溶解在水裡時，會放出熱；如果在沸騰的水裡加鹽，突然出現的熱會造成熱水溢出鍋子。很抱歉，鹽溶解的時候不會放熱；反而會吸收一些熱。你觀察到的，無疑是在加鹽的時候，水突然更起勁地冒泡泡。發生那種事情的原因是，鹽──或是差不多任何加進去的固體粒子──提供初生的氣泡許多新地方（行話：成核點）可以增長成為大氣泡。

　　另一種理論是（似乎人人都有不同看法，難不成煮義大利麵真是驚天動地的挑戰），加鹽不只是為了提味，也能強化麵條，以免煮得太軟爛。我聽過一些言之成理，但技術性很強的理由；不過，我不會煩勞你們閱讀那些。我們就在任何時間，為了任何理由加鹽吧；但要記住，一定要加鹽，否則麵條會淡而無味。

海鹽真的是從海裡來的嗎？

為什麼這麼多廚師和食譜要使用海鹽？
它比普通的鹽好在哪裡？

　　「海鹽」、「普通的鹽」或「餐桌上的鹽」，這些稱呼時常被用來表示似乎具有截然不同性質的不同物質。但其實沒那麼簡單。鹽確實有兩個不同來源：陸地鹽礦與海水。但是單單那個事實不會讓它們的本質不同，就像井水和泉水並不會因為來源不同，造成本質上的不同。

　　地下鹽礦是地球史上，幾百萬年前到幾億年前，不同時期乾掉的古代海洋遺留下來的痕跡。有些礦藏後來被地殼的力量推上來，很接近地球表面，形成「圓頂」。其他鹽礦則埋在地下幾百英尺處，造成更大的開採挑戰。

　　我們使用巨大的機器在鹽礦礦脈中敲下岩鹽；但因為古代海洋乾燥時，還摻雜了泥沙與雜物，所以岩鹽並不適合食用。反之，食用鹽的開採方法是，把水灌進礦坑，將鹽溶解，抽取鹽水（滷水）到地表，沉澱雜質，真空蒸發清澈的滷水。那就產生了大家熟悉的餐桌上用的細小食鹽晶體。

　　在陽光充足的沿海地區，可以讓陽光與風蒸發鹽田裡的淺淺海水，藉以得到鹽。世界各海域出產很多種海鹽，而且精製到不同程度。韓國與法國出產灰色與粉紅色海鹽，印度出產黑色海鹽，顏色取決於當地鹽田裡的黏土與藻類，而非鹽（氯化鈉）本身。夏威夷出產的黑色與紅色海鹽，是故意加入黑色火山灰與紅色陶土粉末。

　　富有冒險精神的廚師使用那些稀罕而奇異的「精品鹽」。它們當然擁有無可否認的獨特味道，因為它們就是鹽混合了各種黏土與藻類，每一種鹽都有狂熱的支持廚師。

在隨後的篇幅裡，我要談的不是居家烹飪難得使用的那些稀罕昂貴（每磅三十三美元以上）、色彩繽紛的精品食鹽。我要談的是，使用不同方法，從海水裡提煉出的各種相對白色的鹽；人們相信海鹽富含礦物質，擁有絕佳風味，這讓海鹽備受喜愛。

礦物質

如果將一桶海水裡全部的水都蒸發掉（先撈走裡面的魚），你會得到黏乎乎、灰色、苦苦的沉澱物，其中大約百分之七十八是氯化鈉，也就是普通的鹽。其他的百分之二十二，裡面有百分之九十九是鎂化合物與鈣化合物，苦味大部分是它們造成的。除了那些之外，至少還有很少量的七十五種其他元素。最後那個，事實上就是人們所謂「海鹽充滿豐富礦物質」的基礎。

但是，冷靜理性的化學分析說出事實：即使在這種沒經過加工的沉澱物裡，它的礦物質含量在營養學上是可以被忽略的。例如：你必須吃兩大匙沉澱物，才能得到一顆葡萄所含的鐵。雖然某些國家的沿海居民確實使用這種沉澱物作為調味料，美國食品藥物管理局規定，食用級的鹽必須含有百分之九十七點五以上的氯化鈉。實際上，市面上的產品都超過這個標準。

這只是礦物質大騙局的開端而已。店裡銷售的海鹽，大約只含有海水沉澱物裡十分之一的礦物質。其中原因在於，生產食鹽的過程中，太陽蒸發鹽田裡大部分的水，但絕不是全部的水——那是重要的差別。

當水蒸發時，氯化鈉的濃度會越來越高。當鹽田裡的鹽濃度大約達到海水的九倍，因為剩下的水不夠溶解那麼多鹽，所以鹽開始析出，成為晶體。人們把鹽耙出來，或是挖出來，以供後續的清洗、乾燥與包裝（要如何清洗鹽，才不會讓它溶解呢？使用盡可能含有最多鹽，不能再溶解任何鹽的溶液。行話：鹽的飽和溶液）。

重點在於，「天然」的結晶過程本身就是極有效的精製步

驟。太陽造成的蒸發與結晶,讓氯化鈉比在海水裡的純度——不包含其他礦物質——增加十倍。以下就是箇中原因。

只要水溶液裡含有一種居壓倒性多數的化學物(此處就是氯化鈉),還有許多含量少得多的其他化學物(就是其他礦物質),那麼隨著水分的蒸發,居壓倒性多數的化學物就會拋下其他物質,形成相對純粹的結晶。化學家時常使用這種純化過程。居禮夫人反覆運用此法,從鈾礦分離出純粹的鐳。

因此,陽光蒸發海水而獲得的「日曬鹽」,即使不繼續加工,一開始就含有大約百分之九十九的純氯化鈉。剩下的百分之一幾乎全是鎂化合物與鈣化合物。其他那些七十五種左右的「珍貴礦物質」幾乎全都沒了。為了獲得相當於一顆葡萄的鐵,你必須吃大約四分之一磅的日曬鹽(兩磅鹽就可能讓人喪生)。

順便一提,「海鹽含有豐富的碘」是一個神話。只不過因為某些海草含有豐富的碘,有人就把海洋想像成一大鍋碘湯。就海水的化學元素而言,硼的含量就比碘多一百倍,但是我們從來沒聽過有人吹噓海鹽是硼的來源。市售沒有添加碘的海鹽中,含碘量不到添加碘的非海鹽的百分之二。

「海鹽」真的來自海洋嗎?

其實,市面上的「海鹽」有些可能並不是從海洋提煉出來的。只要符合食品藥物管理局的純度要求,廠商就不必標出鹽的來源;根據我和業界知情人士的談話,確實有冒充的海鹽。煉鹽廠從同一個大槽取出兩批鹽,將其中一批貼上「海鹽」標籤。這個嘛,它當然是海鹽——只不過是幾百萬年前就已經結晶的海鹽。反過來說,美國西岸使用的食鹽,就有可能是從海裡來的,而不是從礦坑來的。

重點在於,鹽的性質取決於如何加工原料,而不是取決於原料來源。不要自作聰明。如果有食譜指定要用「海鹽」,那是無意義的做法。

添加物

　　有人說，海鹽沒有食鹽裡「難吃的添加物」。不過食鹽確實含有添加物，以保持細小顆粒的順利流動，否則微小的立方形晶體容易相互黏結。美國食品藥物管理局規定，添加物不能超過百分之二；而實際情況遠低於這個規定。例如：莫頓牌瓶裝食鹽的氯化鈉純度超過百分之九十九點一，只含有百分之零點二到百分之零點七的矽酸鈣防結塊劑。矽酸鈣（以及所有防結塊劑）不溶於水，瓶裝食鹽的溶液會有一點不透明。

　　常用的防結塊劑有碳酸鎂、碳酸鈣、磷酸鈣和矽酸鋁鈉。這些都是無臭無味的化合物！

　　就算它們不是完全無臭無味，就算美食專家能夠察覺固態鹽不到百分之一的添加物（或其他非氯化鈉成分）所造成的微妙差別；烹飪時，因為鹽被稀釋了五萬倍，應該能解決那個問題。你只需計算一下：一茶匙有六公克的鹽，它的百分之一是零點零六公克的添加物；在三千公克的湯品裡面，三千除以零點零六等於五萬分之一的含量。

風味

　　無可否認的是，某些品質比較良好的（意思是比較貴的）海鹽——但還沒到「精品」級——真的具有特殊風味。但那取決於它們的用法，以及你如何定義「風味」。

　　食物的風味包括三個部分：味道、氣味，以及口感。無論是氯化鈉，或不夠純的海鹽，可能含有的硫酸鈣與硫酸鎂都是無臭的（行話：它們的蒸氣壓極低），所以我們可以不考慮鹽的氣味。但是，人類的嗅覺很靈敏，有可能偵測到這些不夠純的鹽裡的海藻氣息。還有，某些人無論吸入什麼鹽的粉末，都會說鼻子裡有很強的金屬感覺。

　　現在，我們剩下味道與口感：味蕾偵測到什麼，以及鹽在嘴裡的感覺。

因為加工處理方法的不同，各品牌海鹽的晶體形狀可能不同，從片狀到金字塔形，到一團不規則崎嶇的碎片都有（可以用放大鏡觀察看看）。雖然它們的晶體幾乎都比瓶裝食鹽大，但尺寸各自不同。

如果食用前是撒在相對比較乾燥的食物上，比較大型的晶體在碰觸舌頭溶化之際，或被牙齒咬碎之際，會进出鮮明的鹹味感受。所以，最講究的廚師重視海鹽：要的就是进出來的鹹味感覺。瓶裝食鹽的小型立方晶體在舌頭上溶解得比較慢，所以沒有那種效果。因此，賦予海鹽味覺特性的是它們複雜的晶體形狀，而不是它們的來源。

大部分海鹽具有大型不規則晶體的原因是，緩慢的蒸發會造成那種結晶；然而，瓶裝食鹽的眞空迅速蒸發製程會產生微小、規則的晶體，以便通過鹽瓶上的小孔。化學家熟悉那種現象：晶體成長越快，尺寸就越小。

烹飪

鹽晶體會完全溶解消失在食物的湯汁裡，所以烹飪時，鹽的晶體形狀與尺寸都無關緊要。一旦溶解之後，口感的差別就沒了。食物不會知道鹽晶體溶解之前的形狀。這也是爲什麼在含有水分的料理中，指定海鹽是件傻事，但是什麼料理不會使用水呢？把海鹽放進要煮蔬菜或麵條的水裡，就更沒道理了。

即使是溶解在水裡，人們能不能分辨出不同海鹽的味道？根據《時尚》雜誌（*Vogue*）的報導，2001 年英格蘭萊勒海德食品研究協會（Leatherhead Food Research Association）贊助進行的味覺測試研究，企圖讓受試者分辨幾種溶在水裡的不同的鹽，但並沒有得到具體結論。

常見的說法是，海鹽比瓶裝食鹽更鹹。但是，兩者都是純度百分之九十九的氯化鈉，那不可能是眞的。那種說法無疑是因為舌頭品嚐乾燥的鹽時，形狀不規則的海鹽立即溶解，能夠比瓶裝

食鹽溶解緩慢的小立方體，更快帶來鹹味。但是，再說一次，造成差別的不是海洋，而是晶體的形狀。

「海鹽比較鹹」的說法導致有人宣稱，可以使用比較少的海鹽來調味（某家海鹽製造商吹噓：「對於注意鈉攝取量的人有益。」）。海鹽通常呈現比較大、形狀複雜的晶體，所以不容易緊密堆積；一茶匙海鹽也就明顯地少於一茶匙食鹽含有的氯化鈉。同樣一茶匙來比較，海鹽其實並未含有像瓶裝食鹽那麼多的鹽。但是，一公克氯化鈉會含有相同的鹽分，以重量做比較時，兩者當然是相同的。你不可能靠著吃同樣重量的不同形式的鹽，來減少鹽的攝取量。

最佳選擇

在你家的廚房裡，在你將鵝肝或鹿肉端上桌之前，應該撒哪種顆粒粗糙、形狀複雜的海鹽？最受到廚師讚美的，是法國布列塔尼南部給宏德（Guérande）、諾牧堤島（île de Noirmoutier）或雷島（île de Ré）出產的海鹽。有幾種不同選擇，大粒鹽（gros sel）與灰鹽（sel gris）是沉在鹽田底部的沉重晶體，含有灰色的黏土或藻類。

在海鹽戰爭中，大部分的老饕同意，優勝者是陽光與風力得宜時，在法國鹽田表面上形成的鹽花，也就是所謂的「鹽之花」（fleur de sel）。它的產量有限，必須以人工仔細採收，所以鹽花的價格最昂貴，而且最受到傑出廚師稱讚（這或許是因果關係？）。它脆弱、金字塔型的晶體，撒在即將上桌，相對比較乾燥的食物上，確實可以愉悅爽脆地迸出鹹味。

但用這種鹽來烹飪是沒有意義的。

為什麼很多廚師喜歡用猶太鹽烹飪？

很多廚師和食譜都指定使用猶太鹽，
它有什麼特殊之處？

猶太鹽是錯誤的名稱；它應該叫作猶太淨鹽，原因是它用在潔淨程序，也就是將整塊生肉塗滿了鹽，好加以淨化。

猶太鹽可以來自礦坑或海洋，似乎沒有人在意來源。但它的晶體必須是粗糙而不規則的，以便它們在潔淨程序中附著在肉的表面。普通食鹽會迅速脫落。除了猶太教士的監督製造之外，晶體尺寸是猶太鹽與其他鹽的唯一分別。

因為猶太鹽的粗糙性，使用時最好以手撮取，而不是晃動鹽罐。撮取能讓你看到、感覺到你的使用量。因此，大部分的廚師都用猶太鹽。我在廚房裡，還有餐桌上，總會放一小碟備用。

有些人相信，猶太鹽含有的鈉比普通食鹽少。那是胡說。它們都幾乎是純粹的氯化鈉，而氯化鈉永遠含有百分之三十九點三的鈉。就相同的重量而言，每種食用鹽都正好含有一樣多的鹽。

但是，烹飪時使用猶太鹽的分量倒是真的會不同。如果食譜只說「鹽」，這幾乎永遠是指普通食鹽：鹽的晶體小到能夠通過撒鹽瓶的小孔。但是猶太鹽具有比較大、形狀不規則的顆粒，所以不會像食鹽一樣緊密堆積在量匙裡。一茶匙猶太鹽會含有比較少的氯化鈉，你必須使用更多體積的猶太鹽來得到相同鹹度。

那就是「鈉比較少」神話的真相：如果使用同樣的茶匙數，當然就是比較少的鹽，鈉也會少於使用普通食鹽。藉著仔細稱出每一種鹽的一杯重量，我確定了以下的轉換因數：莫頓牌猶太鹽的體積是普通食鹽的一點二五倍。鑽石結晶牌（Diamond Crystal）猶太鹽的體積是普通食鹽的兩倍。

　　時常有人說，猶太鹽不含添加物。這是因為猶太鹽不像食鹽是小型的立方體，所以不需要加入防止結塊的添加物。但請注意標籤。鑽石結晶牌猶太鹽沒有添加物，但是莫頓牌猶太鹽含有食品藥物管理局規定的低於百萬分之十三的防止結塊添加物——亞鐵氰化鈉。亞鐵什麼化鈉？別緊張。儘管亞鐵氰化物與有毒的氰化物完全不同，但為了避免製造恐慌，標籤上使用比較不引人注目的別名黃血鹽鈉。

　　無論來自礦坑或海洋，無論是猶太教或異教，任何鹽都可以加碘。最多可以加萬分之一的碘化鉀，來預防缺碘造成的甲狀腺腫。但是，加碘的鹽確實需要特別的添加物。碘化鉀有一點不安定，在濕暖或酸性的環境中容易分解，它所含的碘就會跑到空氣裡（行話：碘化鉀被氧化而釋出碘）。為了防止這種事，通常會添加微量的——四萬分之一——葡萄糖。

　　什麼？鹽裡面有糖？對。葡萄糖是還原糖，它會防止碘化鉀被氧化而釋出碘。但在烘焙的高溫中，某些碘化鉀仍然會氧化，釋出帶有苦味的碘；很多烘焙師傅不在麵糰裡使用加碘的鹽。

現磨的鹽為什麼比較好？

為什麼有人認為剛磨出來的鹽比較好？

對於在所謂的美食專賣店裡，銷售花俏的鹽／胡椒兩用研磨器的販子而言，現磨出來的鹽當然是比較好啦。因為新鮮研磨的胡椒比罐裝胡椒粉好，這就讓人想到，為什麼不使用新鮮研磨的鹽？那是一種妄想。

與胡椒不同的是，鹽不含有研磨之後可以揮發的成分，徹頭徹尾就是固態的氯化鈉，所以小顆粒鹽與一大塊鹽除了形狀大小之外，完全相同。

研磨鹽的樂趣在於，為食物撒上粗糙大顆，而不是細緻的鹽粒，咀嚼時可以迸出鹹味。但是，那和研磨的「新鮮度」無關。

馬鈴薯拯救了一鍋湯？

煮湯時，我不小心放了太多鹽。有沒有補救辦法？
聽說馬鈴薯可以吸收過多鹽分。

幾乎每個人都聽過這種說法：扔進幾塊生馬鈴薯進去煮，它們會吸收一部分的鹽。和許多時常聽到的偏方一樣，就我所知，這一個也沒有經過科學測試。我把它當成一個挑戰，還安排了一個對照組。靠著實驗室助手的協助，我在鹽水裡面煮馬鈴薯，而且測量了加入馬鈴薯前後，水裡的含鹽量。

以下就是我的實驗。

我做了兩鍋含鹽量太多的模擬湯——其實只是鹽水，以免其他成分對鹽的偏好攪亂了實驗。但是我的樣本應該有多鹹呢？很多食譜是從每四夸脫的湯加一茶匙鹽開始，一邊嚐一邊加鹽到「味道剛好」。所以我的一號樣本是每夸脫水溶解一茶匙鹽，二號湯是每夸脫水溶解一大匙鹽。那大約分別是食譜起初鹹度的四倍和十二倍，或許是已經「味道剛好」的湯的兩倍和六倍鹹度。

我把兩個模擬樣本都加熱到沸騰，加進六片四分之一英寸厚的生馬鈴薯，在蓋得很緊的鍋裡用小火煮了二十分鐘，取出馬鈴薯，然後讓液體冷卻。

為什麼用馬鈴薯切片，而不是馬鈴薯塊？我要盡可能多的馬鈴薯表面接觸到「湯」，讓馬鈴薯有充分機會一展吸鹽身手。兩個樣本都使用相同的馬鈴薯表面積（如果你想知道的話，是三百平方公分）。當然，我也用相同的有蓋鍋子，在相同的爐子上，煮同樣分量的兩種液體。你一定在想，科學家真是熱中於控制除了他們要比較的變數之外，所有想得到的（甚至想不到的）變數。否則，科學家永遠不會知道是什麼事情造成他們可能觀察到的差異。若是有人在完全沒做控制的情況下，測試某件事情，然

後到處嚷嚷：「我試過了，真的有效。」我就會有點生氣。

四個樣本裡面的含鹽濃度——兩鍋燉煮的鹽水，加入馬鈴薯之前與之後——用測量導電度來決定。其中道理是，鹽水會導電，導電度與含鹽量直接相關。實驗結果如何？馬鈴薯真的會降低鹽的濃度嗎？這個嘛……

首先，讓我告訴你品嚐味道的結果。我保留了在鹽水裡煮過的馬鈴薯切片。我也在清水裡煮馬鈴薯切片（同樣分量的馬鈴薯和水）。我的妻子瑪琳和我品嚐馬鈴薯切片的鹹度。她並不知道馬鈴薯切片來自哪個樣本。如同預料，清水煮的馬鈴薯淡而無味，加一茶匙鹽煮的馬鈴薯是鹹的，加一大匙鹽煮的馬鈴薯更是鹹了很多。這是不是意味著，馬鈴薯真的從「湯」裡吸收鹽？

不是。這只是意味著，馬鈴薯吸收了鹽水；馬鈴薯不見得會吸走水裡的鹽。你會感到意外——泡在鹽水裡的海綿，嚐起來是鹹的嗎？當然不會。水裡的含鹽濃度——每夸脫水裡的含鹽分量——不會受影響。所以，馬鈴薯的鹹味沒有證明任何事情；但是，為了提味，我們必須在鹽水裡，而不是清水裡煮馬鈴薯，還有煮麵條。

導電度測試的結果如何呢？你可別吃驚。加入馬鈴薯燉煮之前，與之後的導電度，沒有可測量的差別。那就是說，無論是每夸脫水加一茶匙鹽，或者每夸脫水加一大匙鹽，馬鈴薯根本沒有降低鹽的濃度。馬鈴薯招式完全無效。

我們還聽說過其他降低鹹味的偏方，例如加一點糖、檸檬汁或者醋，來降低鹹味。那麼，鹹味與甜味之間會不會發生某種反應，可以降低鹹的感覺？畢竟，就算鹽仍然存在，我們想要降低的是鹽的味道。這時候應該去找味覺專家——致力於研究人類味覺與嗅覺領域的費城莫耐爾化學感官中心（Monell Chemical Senses Center）的科學家。

首先，就馬鈴薯的效用而言，我請教的人都想不出馬鈴薯或它的澱粉為什麼會降低鹹味的感覺。但萊斯禮・史丹博士（Dr.

Leslie Stein）幫助我取得保羅・布瑞斯林（Paul A. S. Breslin）在
1996年《食品科技趨勢》期刊（*Trends in Food Science & Tech-
nology*）上發表的一篇關於味道之間相互作用的文章。

　　某一種味道會壓制別的味道嗎？可能會，也可能不會。要看
各種味道的絕對分量與相對分量。布瑞斯林博士寫道：「鹽與酸
（酸味）在中等濃度會互相增強，在高濃度會互相壓制。」那可
能是說，在很鹹的湯裡添加足夠的檸檬汁或醋，可能會讓湯比較
不鹹。但布瑞斯林指出：「這種說法……是有例外的。」在鹽與
檸檬酸（檸檬汁裡的酸）的例子中，他指出，一項研究結果是檸
檬酸降低鹹的感覺，一項研究結果是不影響鹹度，還有兩項研究
結果是鹹度反而增加。

　　那麼，你該怎麼辦？加檸檬汁？加醋？加糖？我們其實無法
預測在含有特定分量的鹽與其他特定成分的湯裡，會產生什麼作
用。但是，在把湯拿去餵狗之前，務必要嘗試以上幾種辦法之
一。似乎只有一個可靠的方法能挽救太鹹的湯：加入更多高湯
──當然是不鹹的。這可能會讓湯過度偏向高湯的味道，但這個
問題我們處理得來。

　　我為科學迷記錄了幾項有意思的附帶說明（其他人可以跳到
下一個問題）。首先，實驗發現加入馬鈴薯燉煮之後的鹽水導電
度稍微高於──不是低於──沒加馬鈴薯燉煮的鹽水。所以，在
水裡燉煮馬鈴薯必定對於導電度有所貢獻。讓我感到意外的是，
如果不細想，會認為只有馬鈴薯澱粉跑進水裡，而澱粉是不導電
的。但馬鈴薯含有很多鉀，大約千分之二的鉀，而鉀的化合物與
鈉的化合物一樣會導電。總之，為了修正那個影響，我將馬鈴薯
燉煮的鹽水導電度減掉馬鈴薯提供的導電度。

　　其次，儘管鍋蓋嚴密，而且使用小火燉煮；如果仍然有可觀
分量的水從鍋裡蒸發掉，鹽水的導電度就會增加而非降低。但在
修正馬鈴薯提供的導電度之後，沒有發現那種影響。我認為這是
嚴密的論證，你認為呢？

為什麼用無鹽奶油烹飪，還需要加鹽？

為什麼食譜要我使用無鹽奶油，後來又要加鹽？

聽起來很傻，但這是有道理的。一條四分之一磅的奶油可能含有一點五公克至三公克的鹽，甚至多達一茶匙。不同品牌與不同區域的產品含鹽量可能相差很大。如果你使用分量精確的食譜，尤其是大量使用奶油的食譜，就不能對像鹽這麼重要的元素玩俄羅斯輪盤。所以，嚴謹的、高品質的食譜會指定無鹽或者「甜」奶油，然後在別的調味步驟中加鹽。

很多廚師比較喜歡無鹽奶油，因為它的品質通常比較高。添加鹽的部分理由是為了防腐，但像餐館廚房那樣大量使用奶油的地方則無此需要。還有，在無鹽奶油裡，初期的腐臭異味會比較容易察覺。

老　饕　廚　房

奶油餅乾
Butter Cookie Stars

你不會想賭奶油餅乾裡要用多少鹽，所以我們使用無鹽奶油，給麵糰添加適當分量的鹽。這種餅乾最適合使用餅乾模型。可以用糖或是彩色糖霜裝飾。擀平麵糰最容易的方法是把麵糰放在兩張蠟紙之間。

■材料

二又四分之一杯中筋麵粉，另外少許備用

一茶匙塔塔粉

半茶匙小蘇打

四分之一茶匙鹽

半杯（一條）無鹽奶油

一杯糖

兩個大雞蛋，稍微攪拌

半茶匙香草精

一個蛋黃加一茶匙水攪拌均勻

裝飾用的糖

1. 在中碗裡，混合麵粉、塔塔粉、小蘇打與鹽。在大碗裡，用電動攪拌器把奶油與糖混合均勻；加入雞蛋與香草精；加入粉料，用木匙攪拌，形成麵糰。

2. 把麵糰分成三部分。將三分之一的麵糰夾在兩張蠟紙之間，放在平坦桌面上。用擀麵棍擀平麵糰，約八分之一英寸厚。擀平的麵糰與蠟紙一起，平放在冰箱裡備用。另外兩塊麵糰也用相同方式處理。烘焙之前，可以在冰箱裡冷藏兩天。

3. 烤箱預熱到華氏三百五十度（攝氏一百七十七度）。將攤平的麵糰取出，揭去上面的蠟紙，但不要扔掉。麵糰表面撒上少許麵粉，略微撥勻，覆上蠟紙。將麵糰翻面，揭去蠟紙，扔掉。撒上少許麵粉，略微撥勻。

4. 使用餅乾模型，壓出你要的形狀，放進噴過烘焙用不沾鍋噴劑的餅乾烤盤。刷上蛋黃水，撒上糖衣或糖霜。也可以不要裝飾，或烘焙完成後，再進行裝飾。

5. 烤十到十二分鐘，或是烤到淡褐色。在烤盤裡再放兩分鐘，用較寬的金屬抹刀移到架上冷卻。在不透氣容器裡，可以儲存幾個星期。冰箱冷藏則可以儲存更久。

視麵皮厚度與餅乾模型大小，大約可以製作四打。

第三章

肥沃大地

關於脂肪的14個科學謎題

人類食物的三大主要成分是：蛋白質、碳水化合物與脂肪。從時下的報章雜誌與官方的飲食建議都花費大量墨水討論脂肪一事來看，人們或許會以為我們只需要關切脂肪——不是夠不夠多，而是吃得太多，以及吃錯種類。

主要有兩個關切：脂肪含有的熱量——每公克九卡路里——每公克蛋白質或碳水化合物只含有四卡路里；還有，攝取某些脂肪對健康有不利的影響。

我不是營養學家，沒有資格談論不同脂肪對於健康的影響——即使是專家，對於某些事也是各說各話。反之，我的焦點在於討論脂肪是什麼，以及人類如何使用脂肪。了解這些基本問題，應該能夠讓你更有智慧地詮釋與評估那些洪水猛獸。

脂肪酸是有惡臭的化學物？

一說到脂肪，很多文章都會從「脂肪」談到「脂肪酸」，
它們有什麼不同？

我或許遠比各位更早讀到這種不精確的文章。事實上，身為
化學家的我忍不住懷疑許多作者根本不知道兩者的差別。然而兩
者真的有差別。

每一個脂肪分子含有三個脂肪酸分子。脂肪酸可能是飽和或
不飽和的，從而決定整個脂肪分子是飽和或不飽和的。

首先，我們看看什麼是脂肪酸。脂肪酸就是構成脂肪的酸，
它們是化學家稱作羧酸的大家族成員。就酸性而言，它們是很弱
的——不像汽車裡的「電池酸」（即硫酸）那樣具高腐蝕性。

脂肪酸分子含有十六個或者十八個（或更多）碳原子組成的
長鏈，每個碳原子附帶一對氫原子（行話：長鏈是由CH_2集團構
成）。如果長鏈含有完備的氫原子，脂肪酸就被稱作飽和（對氫
原子而言）。如果長鏈某個地方缺了一對氫原子，脂肪酸就被稱
作單一不飽和。如果缺了兩對或更多對氫原子，脂肪酸就被稱作
多重不飽和（其實是相鄰的兩個碳原子各缺少一個氫原子，但咱
們不要挑毛病）。

常見的脂肪酸有硬脂酸（飽和的）、油酸（單一不飽和），以
及亞麻油酸與次亞麻油酸（多重不飽和）。

對化學家而言，重要的是脂肪酸分子不飽和部分（行話：雙
鍵）的確切位置，那對人體而言，顯然也一樣重要。你是否聽說
過，魚類身上的「Ω-3」脂肪酸可能扮演預防心臟病與中風的角
色？Ω-3是化學家用來表示第一對缺少的氫原子（雙鍵）距離分
子鏈末端究竟多遠的方法：從末端算過來是第三位（Ω是最後一
個〔末端的〕希臘字母）。

　　脂肪酸通常是難吃而惡臭的化學物。幸好，食物裡的脂肪酸通常不會以未化合的噁心形式存在。馴服脂肪酸的方法是，讓它們用三個脂肪酸分子對一個甘油分子的比例結合。三個脂肪酸分子與一個甘油分子結合，形成一個脂肪分子。化學家在紙上畫的脂肪分子示意圖，就像一枝短旗杆（甘油分子）上面飄揚著三面長條旗幟（脂肪酸）。化學家把這種分子叫作三酸甘油脂（triglyceride，字首的tri代表含有三個脂肪酸），但因爲天然脂肪分子絕大多數是三酸甘油脂，通常我們將三酸甘油脂簡稱作「脂肪」。

　　在某一個脂肪分子裡的脂肪酸，有可能全都屬於同類，也可能是不同類的組合。例如：可能是兩個飽和脂肪酸加上一個多重不飽和脂肪酸；或是一個單一不飽和脂肪酸加上一個多重不飽和脂肪酸再加上一個飽和脂肪酸；或者三個都是多重不飽和脂肪酸。天然的動物與植物脂肪來自於不同脂肪分子的混合，各分子的脂肪酸組合也不盡相同。

　　一般而言，比較短的分子鏈與比較少的飽和脂肪酸形成比較軟的脂肪，長鏈與較多的飽和脂肪酸形成比較硬的脂肪。這是因

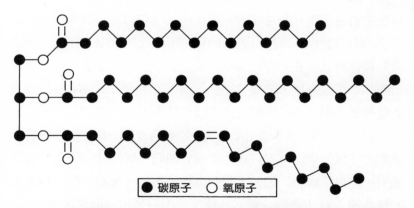

● 碳原子　　○ 氧原子

脂肪（三酸甘油脂）的分子圖示，三個脂肪酸長鏈連接到左邊的甘油分子（氫原子沒有繪出）。上方兩條脂肪酸長鏈是飽和的；底下的是單一不飽和──也就是說它含有一個雙鍵。

爲在不飽和的脂肪酸裡面，只要缺了一對氫原子（行話：只要有雙鍵存在），脂肪酸分子就有一個扭結。於是脂肪分子不能緊密靠攏，形成密實的結構，這種脂肪就更像是液體而非固體。

也就是說，飽和成分比較高的動物脂肪傾向於固體，飽和成分比較低的植物脂肪傾向於液體。例如：當你看到某一種橄欖油標示說百分之七十單一不飽和、百分之十五飽和，以及百分之十五多重不飽和，那是指橄欖油裡面含有的那三種脂肪酸總和的百分比。

真正決定是否有益健康的是，各種脂肪分子含有的那三種脂肪酸總和的相對數量，所以我們不在乎脂肪酸在全部的橄欖油分子之間是如何分配的。脂肪分子裡的甘油不具有營養重要性，它們只是附屬品而已。所謂的「必需脂肪酸」是指人體製造重要的荷爾蒙「前列腺素」時需要的脂肪酸。

既然談到脂肪酸與三酸甘油脂，不如順帶說說其他你可能聽過的、與脂肪有關的名詞。

單酸甘油脂（monoglyceride）與雙酸甘油脂（diglyceride）類似於三酸甘油脂，但是，你可能已經猜到了，它們分別只含有一個（mono）或兩個（di）脂肪酸分子連接到甘油分子上。它們以很少的分量與三酸甘油脂一起存在於所有的天然脂肪裡，而且它們的脂肪酸也計算在脂肪的飽和／不飽和比例中，在許多加工食品裡作爲乳化劑（幫助油與水混合的東西）。但是，它們也算脂肪嗎？可以算是。三酸甘油脂被消化時，會分解成單酸甘油脂與雙酸甘油脂，所以它們的營養效果基本上是一樣的。

脂質（lipid）通常被用來表示生物體含有的一切油膩、脂肪，或親近油膩的東西，不只包括單酸甘油脂、雙酸甘油脂與三酸甘油脂，也包括磷脂、固醇，與脂溶性維生素。醫療檢驗所交給你的驗血報告有「血脂分析」一欄，它不只列出三酸甘油脂（「肥血」是不好的），也列出各種膽固醇，就是像脂肪一樣的醇類。

在飲食文章寫作中，如何避免混淆「脂肪」與「脂肪酸」呢？

首先，我們必須承認，雖然脂肪的嚴格定義是一種特定的化學物質——三酸甘油脂——而不是蛋白質或碳水化合物。但在普通用語裡，脂肪指的是例如：奶油、豬油、花生油等多種脂肪的混合物（以上各項都被稱作飲食裡的一種「脂肪」）。除了試圖確定指涉的是特定化學物，或是特定食物之外，讀者對於這種字面上的模糊性幾乎無計可施。

其次，我們可以懇求食物作家更謹慎地在「脂肪」與「脂肪酸」之間進行演繹。以下是一些建議：

談到食物脂肪裡的飽和與不飽和相對比例時，可以不用「脂肪酸」表示。例如，我們可以這麼說：百分之X飽和、百分之Y單一飽和、百分之Z多重飽和，而不必加上「脂肪酸」。更不要使用我時常看到的無意義說法：「飽和（或不飽和）脂肪。」我們應該說「飽和物（或不飽和物）含量偏高的脂肪」，或是「高度飽和（或高度不飽和）的脂肪」。後面兩種說法就是「飽和（或不飽和）脂肪酸含量偏高」的意思。

一般而言，因為大眾已經了解（或自認為了解）「脂肪」一詞，感覺上也比較不艱深，所以越少用「脂肪酸」一詞越好。但如果必須討論個別的脂肪酸，在第一次提到時，應該定義為「建造脂肪的材料」。

油脂食物的異味來自哪裡？

標籤上總寫說奶油要放在陰涼的地方，否則容易變酸。
為什麼脂肪會腐壞？

因為自由脂肪酸，也就是脫離了脂肪分子的脂肪酸分子。大部分的脂肪酸是非常難吃的惡臭化學物，只要一點點就會破壞食物的味道。脂肪酸脫離脂肪的主要方式有兩種：脂肪與水起反應（水解），還有脂肪與氧起反應（氧化）。

你或許會認為，因為脂肪和油很難與水混合，所以不會與水發生反應。但只要時間夠長，富含脂肪的食物裡面的天然酵素就會引發水解反應（行話：酵素催化了水解）。所以，長期儲存奶油與核桃之類的食物，就容易變酸發臭。

奶油很容易腐敗，因為它含有許多短鏈脂肪酸，這些分子很容易跑到空氣裡（行話：它們更容易揮發），產生異味。造成奶油酸臭的罪魁禍首是酪酸（butyric acid）。高溫也會加速油類的水解反應，例如高溫油炸濕的食物就是炸油使用太多次之後，開始有異味的原因之一。

油脂變質的第二個主要原因，氧化，最容易發生在含有不飽和脂肪酸的脂肪裡，多重不飽和脂肪酸比單一不飽和脂肪酸更容易氧化。加速（催化）氧化的因素有熱、光線，以及可能來自食物加工機器中的微量金屬。名字又長又難記的乙烯二胺四乙酸（ethylenediaminetetraacetic acid, EDTA）之類的防腐劑可以監禁（隔離）金屬原子，預防由金屬催化的氧化。

教訓：因為氧化反應是由熱與光線催化的，烹飪油與含脂肪的食物應該儲放在陰涼的地方。現在你明白為什麼標籤上總是要你那樣做了吧。

在烤土司上面塗蠟燭是什麼味道？

我常在食品標籤上看到「部分氫化」的植物油。
氫化是什麼？為什麼不全部氫化？

　　油類經過氫化，也就是氫原子在壓力下進入油類分子，造成油類含有更多飽和物；原因是飽和物含量高的脂肪比不飽和物含量高的脂肪更接近固體。氫原子填補油類分子裡面缺氫的空隙（行話：雙鍵，它比單鍵更堅固），讓分子更有彈性。分子就可以更靠近彼此，更緊密聯繫，不像原來那樣容易揮發。結果就是：脂肪變得更為黏稠，比較不像液體，更接近固體。

　　如果植物奶油沒有經過部分氫化，你就必須把它倒出來，而不是用刮刀塗抹。但部分氫化只填補了大約百分之二十的分子裡面缺少的氫原子。如果你的植物奶油完全氫化，那就會像是企圖在烤土司上面塗蠟燭。

　　不幸的是，高度飽和脂肪比較不利於健康。因此食品製造商在盡量少氫化以維護健康，與足夠多氫化以產生良好口感之間走鋼索。

食物標籤上的脂肪含量數值為什麼有誤差？

我把含有飽和物、多重不飽和物與單一不飽和物的公克數加總，
結果少於「總脂肪」的公克數。
還有其他的脂肪嗎？

沒有，一切脂肪都可以歸納到那三大類。

我從來沒注意過你提到的趣味算術，但我一看到這個問題，就衝進儲藏室裡找出一盒全麥餅乾。我在營養成分標示欄裡看到每份餅乾的脂肪含量：「總脂肪六公克。飽和脂肪一公克。多重不飽和脂肪零公克。單一不飽和脂肪兩公克。」我拿出計算機，咱們瞧瞧。一公克飽和脂肪加上零公克多重不飽和脂肪，再加上兩公克單一不飽和脂肪，等於總脂肪三公克，而不是六公克。另外三公克是怎麼回事？

然後，我拿出一盒高級原味蘇打餅乾。更糟糕！兩公克總脂肪卻包括了：零公克飽和脂肪、零公克多重不飽和脂肪，以及零公克單一不飽和脂肪。從什麼時候開始，三個零相加等於二？我甚至不需要計算機，就知道這裡有點不對勁。我趕忙到電腦上找到食品藥物管理局的網站，加工食品營養標示的規則是這個衙門制定的。他們有一個專門網頁，回答人們詢問關於食品標示的問題。以下是我找到的內容。

問題：「飽和、單一不飽和，與多重不飽和脂肪酸的總和不是應該等於總脂肪含量嗎？」

回答：「不等於。脂肪酸的總和通常低於總脂肪的重量，原因在於沒有計入反式脂肪酸與甘油的重量。」

原來是這麼回事！

還是不明白？讓我為你解釋一下。

　　脂肪分子包括兩大部分，甘油部分與脂肪酸部分。標籤上的「全部脂肪」公克數是所有脂肪分子，包括甘油等等的重量總和，但是「飽和脂肪」、「單一不飽和脂肪」與「多重不飽和脂肪」只是脂肪酸部分的重量。沒有計入的重量就是脂肪分子裡的甘油重量（稍後再談反式脂肪酸）。

　　為什麼這些東西在標籤上叫作「脂肪」，而不叫作它們真正的名稱：脂肪酸？依照食品藥物管理局的說法，其中有兩個原因：（1）普通大眾只想知道脂肪裡面含有飽和與不飽和物質的相對分量，而這是由脂肪酸單獨決定的；（2）標籤上的空間極為有限，「脂肪酸」一詞占的空間比「脂肪」多。我猜那大概說得通，但是不精確的用詞仍然讓像我這樣愛挑毛病的人覺得礙眼。

　　食品藥物管理局的網頁上承認，因為沒有包括反式脂肪酸在內，食品標示還有更多含混之處。事實上，反式脂肪酸的重量比甘油還多。

　　反式脂肪酸是脂肪驚悚劇裡最新出場的惡棍——它們和天然的飽和脂肪酸一樣，會提高血液中低密度脂蛋白膽固醇（LDL cholesterol，一種「壞的」膽固醇）的濃度。植物油中本來並不存在反式脂肪酸，然而一旦經過氫化，就會形成。被加入的兩個氫原子會分別在共價碳的相對兩側（行話：反式構型），而不是在同一側（行話：順式構型）與碳原子鍵結。那使得脂肪酸分子的形狀從扭結變成筆直，因此，反式脂肪酸的組成和表現都跟飽和脂肪酸類似。

　　部分氫化的植物油可能含有大量的反式脂肪酸，然而由於不容易判定它們的含量，目前在食品標籤上尚未單獨列出。

　　在你努力追求長壽時，仍然應該注意標籤上列出的「全部脂肪」分量。但如果要知道是「好脂肪」或「壞脂肪」，你不用理會確切的公克數字，反而應該注意飽和、單一不飽和，與多重不飽和脂肪酸的相對分量。那才是重點。還要記住，反式脂肪酸惡棍仍然躲在標籤之外窺伺，食品藥物管理局正考慮在飽和脂肪酸

項目下標示出反式脂肪酸。

　　噢，還有，蘇打餅乾裡面「零公克脂肪（酸）」加起來神祕地等於兩公克總脂肪是怎麼回事？難道有某一種完全不含脂肪酸的脂肪嗎？沒有。要是不含脂肪酸，就不是脂肪。只不過，食品藥物管理局准許在每份餐食中，脂肪或脂肪酸含量不到半公克時，可以標示爲「零公克」。

　　小學一年級學到的算術規則仍然是正確的。

西藏人為什麼比較喜歡澄清奶油？

我的食譜說要用澄清奶油。我該怎麼處理？

除了變得清澈，澄清奶油還有什麼用處？

那就要視你的觀點而定。除了美味、可以堵塞血管、高度飽和的乳脂肪之外，澄清化可以完全去除其他成分。我們使用澄清奶油（clarified butter）炒菜時，可以避免吃下煎褐了的蛋白質，那可能含有致癌物，有害健康。

奶油並不全是脂肪；它是由脂肪、水與蛋白質三個部分混合而成的。澄清奶油的做法，就是分離出脂肪，拋棄其他成分：奶油裡的水分會降低溫度，固形物容易燒焦冒煙。所以，使用澄清脂肪可以在比較高的溫度下爆炒食物。

在鍋子裡加熱時，奶油裡面的固體蛋白質大約在華氏兩百五十度（攝氏一百二十一度）開始變成褐色，而且冒煙。盡量減少這個問題的方法之一是，使用大約華氏四百二十五度（攝氏二百一十八度）才會冒煙的烹飪油來「保護」奶油。但奶油裡的蛋白質仍然會稍微變色。你也可以使用澄清奶油，就是不含蛋白質的純脂肪，大約加熱至華氏三百五十度（攝氏一百七十七度）才會冒煙。

因為細菌會攻擊蛋白質，但是無法攻擊純脂肪，所以澄清奶油可以保存得更久。在冷藏設施稀少的印度，人們藉著緩緩熔解奶油，持續蒸發水分來製作澄清奶油；蛋白質與糖會稍微燒焦，產生可口的堅果風味。

澄清奶油最終也會變酸發臭。但那只是酸味，而非細菌造成的污染。西藏人其實比較喜歡略酸的澄清犛牛奶油。

無論是澄清化含鹽奶油或無鹽奶油,只需牢記——奶油容易燒焦,盡可能以最低的溫度緩緩熔化它。脂肪、水、蛋白質會分成三層:上層是酪蛋白泡沫,中層是透明黃色的油,底層是含有牛乳固形物的浮懸液。如果使用含鹽奶油,鹽會分布在上層與底層之間。

刮掉上層泡沫,倒出或用柄杓舀出熔油——澄清奶油——放進別的容器,與底層的水分與沉澱物分開。更好的做法是,全部放進冰箱冷藏,脂肪凝固之後,就能與含水層分離,而且能刮掉上層泡沫。

不要拋棄酪蛋白泡沫;奶油的味道大部分都在裡面。清蒸蔬菜時,可以用來調味。如果是含鹽奶油,用在爆玉米花上尤其美味。

我會一次處理兩磅奶油,把澄清奶油倒進塑膠製冰盤,每格大約兩茶匙分量。冷凍之後,取出「奶油冰塊」放進塑膠袋冷凍,需要時酌量取出使用。

一杯(兩條)奶油澄清化之後,大約剩下四分之三杯。

順便一提,乳糖全都留在含水的那一層。因為乳糖而不能吃奶油的人,可以使用澄清奶油。這可能是使用澄清奶油的主要原因之一。

馬鈴薯脆皮
Crusty Potatoes Anna

用澄清奶油製作，可以讓馬鈴薯呈金褐色而香脆。即使烤箱溫度頗高，因為沒有牛乳固形物，脂肪也不會燒焦或冒煙。鑄鐵煎鍋的效果最好。

■材料
四粒中型馬鈴薯
兩到四大匙澄清奶油
粗鹽
現磨胡椒

1. 烤箱預熱到華氏四百五十度（攝氏兩百三十二度）。使用八英寸半的鑄鐵煎鍋與鍋蓋，鍋裡塗上大量奶油。清洗馬鈴薯，擦乾，切成八分之一英寸厚片；削不削皮皆可。
2. 從鍋底中央開始，慢慢向外部分重疊排列馬鈴薯切片，排成圓形或螺線形。刷上奶油，撒鹽和胡椒。重複相同做法，將馬鈴薯切片層層排完。
3. 剩下的奶油倒在馬鈴薯上。放在爐火上，用中高溫煮，直到馬鈴薯滋滋作響。蓋子蓋上，拿進烤箱烤三十到三十五分鐘；或是烤到馬鈴薯表面呈金褐色，而且柔軟，可以用叉子或牙籤測試。用餐刀或叉子檢視馬鈴薯底部，應該會略呈脆皮狀。如果沒有，再烤久一點。
4. 大力搖動鐵鍋，讓可能黏鍋的馬鈴薯鬆脫，用寬的金屬抹刀將焦底剷開。將鐵鍋倒扣在托盤或大盤子上，供餐時讓馬鈴薯脆皮朝上。

四人份。

法式奶油好吃的原因是沒有加水？

我在法國吃到了最美味的奶油——比美國所有品牌都好。

什麼原因讓那種奶油如此特別？

更多的脂肪。市場銷售的奶油中，有百分之八十至百分之八十二是乳脂肪，百分之十六至百分之十七是水，百分之一至百分之二是牛乳固形物（如果含鹽，還有大約百分之二的鹽）。

美國農業部規定，奶油產品的乳脂肪含量不得低於百分之八十，但歐洲大部分的奶油產品至少含有百分之八十二，甚至百分之八十四的乳脂肪。

聽起來好像差別不大，但更多的脂肪意味著更少的水，也就是更豐腴順滑的食品。糕餅師傅時常稱呼歐洲奶油是「不摻水奶油」。不只如此，脂肪含量越高的奶油可以製作更為順滑的抹醬，以及更香酥更美味的糕餅。（比起你在法國吃的牛角麵包，美國的牛角麵包只是形狀彎曲的模仿品。）

就像你知道的，奶油是透過攪拌乳脂或全脂非均質牛乳製造成的。透過攪拌，能夠分解其中的乳狀物（浮懸在水裡的微小脂肪球體），於是脂肪球體可以匯聚成米粒大小的顆粒。這些顆粒聚在一起脫離牛乳的含水部分，這部分被稱為白脫牛奶（butter-milk）。然後用水清洗脂肪，擠出更多的白脫牛奶。

歐洲奶油通常是少量生產，能夠更完全地取出白脫牛奶。美國生產的歐式奶油，有Keller's品牌、Land O'Lake品牌的Ultra Creamy，還有Challenge品牌。專賣店裡可以買到從法國與丹麥進口的歐洲奶油。記得要帶很多歐元。

低脂的玉米為什麼可以榨出那麼多油？

　　　　　　　　　　我以為玉米是低脂食物，
　　　　　　　如何從玉米裡弄出那麼多玉米油？

　　當然是使用許多玉米。玉米確實是低脂食物——在你塗上大量奶油之前，每顆玉米粒大約含有一公克脂肪。

　　但玉米是美國的第一大農產品，在四十二個州耕種，年產量九十億浦式耳。九十億浦式耳的玉米含有大約三十億加侖的玉米油，那足夠油炸德拉威州（譯註：美國本土最小的一州）。

　　玉米油位在玉米粒的胚芽裡，大自然在這裡儲存高密度能量——每公克九卡路里——用來創造從種子長出新植株的奇蹟。胚芽大約占玉米粒的百分之八，其中大約只有一半是油，所以一顆玉米粒冒不出多少油。

　　各位可以想像，要弄出玉米油是很費事的。煉油工廠把玉米粒泡在熱水裡一兩天，粗略研磨讓胚芽鬆動；隨後使用浸浮法或旋轉法分離胚芽，乾燥胚芽，再將油榨出。

西班牙人的廚房為什麼沒有油煙？

烹飪油的沸點各有不同。
對使用者來說，這會造成什麼影響？

我猜你說的不是沸點，儘管「在油裡沸騰」這個想法既瘋狂又富詩意，但油不會沸騰。

在它熱到冒泡泡之前，烹飪油早就分解了，變成讓你反胃的化學物，還有碳顆粒。碳顆粒會用焦味攻擊你的味蕾，用嗆人氣味襲擊你的鼻腔，用煙霧警報器的淒厲鳴聲肆虐你的耳朵。如果你說的是烹飪油的最高使用溫度，那不取決於沸點，而是烹飪油開始發煙的溫度。

由植物種子提煉製造的普通烹飪油，大部分的發煙溫度在華氏兩百五十度至四百五十度（攝氏一百二十一度至兩百三十二度）。儘管書上會列出一些表面上精確的數字，但我們並不知道確切的發煙溫度——原因在於，需視精煉程度、種子類別，甚至植物生長時的氣候與天氣而定，即使是特定油類的發煙溫度也會有所不同。

雖然如此，依照酥油與食用油學會（Institute of Shortening and Edible Oils）的說法，烹飪油的發煙溫度範圍是：紅花籽油，華氏三百二十五度至三百五十度（攝氏一百六十三度至一百七十七度）；玉米油，華氏四百度至四百一十五度（攝氏兩百零四度至兩百一十三度）；花生油，華氏四百二十度至四百三十度（攝氏兩百一十六度至兩百二十一度）；棉籽油，華氏四百二十五度至四百四十度（攝氏兩百一十八度至兩百二十七度）；油菜籽油，華氏四百三十五度至四百四十五度（攝氏兩百二十四度至兩百二十九度）；葵花油與大豆油，華氏四百四十度至四百五十度

（攝氏兩百二十七度至兩百三十二度）。橄欖油可能從華氏四百一十度至四百六十度（攝氏兩百一十度至兩百三十八度）；特純橄欖油通常比較低，淡橄欖油因為經過過濾，溫度最高。飽和脂肪酸比較容易分解，所以動物油的發煙溫度通常低於植物油。

　　如果加熱到華氏六百度（攝氏三百一十六度），大部分的烹飪油會抵達引火點，也就是它們的蒸氣會被外來火燄引燃的溫度。在大約華氏七百度（攝氏三百七十一度）附近，大部分烹飪油會抵達燃點，自行燃燒起來。

　　除了少數的特殊烹飪油之外，美國廚師依照有無刺激性及強烈味道來評鑑大部分的烹飪油。另一方面，橄欖油受重視的是它繁複的風味，取決於生產國、生產地區、橄欖種類與生長條件；從堅果風味到胡椒味，從青草味到水果味都有。地中海料理的風味獨特，大部分是因為該地區幾乎只有使用橄欖油，它不只是烹飪媒介，也是食譜裡的調味成分。從烘焙到油炸，都使用橄欖油；但我從沒聽過西班牙人或義大利人抱怨廚房有油煙。

　　幸好，常見的幾種烹飪油的發煙溫度都高於最適宜的油炸溫度，華氏三百五十度至三百七十五度（攝氏一百七十七度至一百

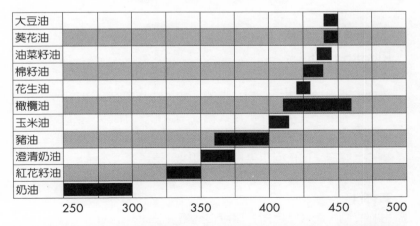

烹飪油的發煙溫度。確切溫度取決於烹飪油的製造過程，回鍋油的發煙溫度會低很多。（除了豬油之外，資料由「酥油與食用油學會」提供。）

九十一度）。但如果不小心控制，油溫可能會達到華氏四百度（攝氏二百零四度），誤差的容許度並不大。除了華氏兩百五十度至三百度（攝氏一百二十一度至一百四十九度）就開始冒煙的普通奶油、這種發煙溫度最低的烹飪油之外，只要不把爐火開得太大，炒菜應該不會有冒煙的問題。

重要的是，必須注意以上提到的都是新鮮烹飪油的發煙溫度。烹飪油加熱或氧化之後，分解成自由脂肪酸，它們不只是降低發煙溫度，而且味道難聞。一再回鍋的炸油，暴露在熱或空氣中的油，會更容易冒煙且帶有不好的味道。不僅如此，高溫會使它們傾向於聚合分子，成為更大的分子，造成濃稠沾黏的質地及較深的顏色。最後會分解成有害健康的化學物，像是自由基之類，反應活性很高的分子碎片。

考慮所有的事情之後，對於健康與美食，最安全也最好的做法是，使用一次或最多兩次就拋棄炸油；如果冒出大量的煙，就應該立即拋棄。

老　饕　廚　房

義式乳酪餡餅
Ricotta Fritters

這種餡餅含油量不多，而且很脆。如果油炸溫度保持在華氏三百五十五度至三百六十五度（攝氏一百七十九度至一百八十五度）之間，餡餅不會油膩，也沒有橄欖油味。傳統做法是在最後澆上蜂蜜，但任何水果糖漿都可以，草莓糖漿尤佳。

■材料
一杯又兩大匙（八盎斯）瑞可它乳酪（ricotta cheese）
兩個大雞蛋，稍微攪拌

一又二分之一大匙無鹽奶油，溶化
一大匙糖
一個檸檬的皮，刨成細絲
八分之一茶匙新鮮肉豆蔻粉
八分之一茶匙鹽
三分之一杯中筋麵粉
橄欖油
水果糖漿或蜂蜜

1. 將瑞可它乳酪放在中碗裡，將雞蛋加入，攪拌均勻。加進奶油、糖、檸檬皮、肉豆蔻與鹽，攪拌均勻。麵粉倒進去，攪拌均勻。放置兩小時備用。

2. 在小而深的鍋裡，倒入一英寸高的橄欖油，開中火（我用直徑七英寸的厚重湯鍋）。使用測溫計，將橄欖油加熱到華氏三百六十五度（攝氏一百八十五度）；如果沒有測溫計，滴一點麵糊到油鍋裡，如果麵糊立即浮起，溫度大約就是對的。

3. 每次一大匙，將麵糊輕輕放進油鍋，用另一個湯匙推開麵糊。不要讓鍋裡擠滿麵糊。餡餅會膨脹起來，呈現褐色。用筷子或木製湯匙翻面，將另一面也炸黃。取出餡餅，放在紙巾上瀝油。重複處理，直到用完麵糊。

4. 趁熱上桌，加上水果糖漿或蜂蜜。

可以製作大約三十個，除非大廚助理喜歡試吃，否則相當於四到六人份。

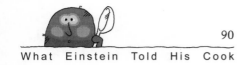
回鍋油怎麼回歸大自然？

如何處理油炸食物之後留下的油？
它對環境有害，不是嗎？

是有害。雖然食用油脂最終可以被生物分解，但它們會長期妨礙垃圾掩埋場的運作。不過它們不像石油那麼麻煩，只有一兩種細菌能夠消化石油，所以石油幾乎永遠不分解。少量脂肪可以用兩張紙巾吸收，扔進垃圾桶裡。我會把比較多的油倒進空罐，放入冰箱凝成固體；等罐頭裝滿之後，用塑膠袋封起來，扔進垃圾箱。希望它被運到很遠很遠，追查不到我的時候，才熔解漏出來。我知道那不太有良心，但是遠比倒進洗碗槽裡好很多。不僅如此，在焚化垃圾時，還會造成令人愉悅的火燄。

大量的回鍋油是更大的問題。餐廳通常會付錢給廢棄物處理公司；後者搜集大量「油脂」，賣給肥皂公司與化學工廠。但是，除了把廢油包裝成禮物，放在治安不良地區沒上鎖的汽車裡，希望廢油被偷走之外，你還能做什麼呢？

我請教一位環保系所的水文專家（研究水在土壤裡的流動）。他的建議是，如果你家沒有自備污水處理系統，可以混合廢油與喜歡吞噬油脂的洗碗精，徹底攪拌或者混合均勻，然後慢慢地一邊沖大量冷水，一邊把混合液倒進垃圾絞碎器，一起沖進排水管，最終由污水處理廠處理。我不建議那樣做——如果你堵塞了水管，或害污水處理廠發生問題，可不要怪我。

更好的做法是，把環境的負擔變成資源的節約：利用廢油作為柴油動力轎車或小卡車的替代燃料。畢竟，魯道夫‧狄塞爾（Rudolf Diesel）在1900年巴黎博覽會上展示他的新式發動機時，用的是花生油。約書亞‧笛克爾（Joshua Tickell）的《從油鍋到油箱》（*From the Fryer to the Fuel Tank*）會告訴你該怎麼做。我建議，在你的愛車胖到進不了停車場之前，別再加油了。

零脂肪的油真的不含脂肪？

不沾鍋噴劑的原理是什麼？
它的標籤上說這種噴劑無脂肪、低熱量，但我覺得它就是油。
有沒有真的無脂肪的油？

不，沒有無脂肪的油這種東西。脂肪是特定的化合物家族，油脂只是液態脂肪。不沾鍋噴劑也不見得含有替代油脂的東西，原因在於──你可別吃驚──噴劑就是油脂。你再也不必麻煩地給鍋子和糕餅模型塗上油脂，方便好用的不沾鍋噴劑的主要成分是植物油，通常會加上一些卵磷脂與酒精。卵磷脂是蛋黃與大豆等食物中含有的像脂肪似的物質（行話：一種磷脂），可以幫助食物避免沾黏。但是除了卵磷脂，噴劑裡面幾乎全都是油脂。

不沾鍋噴劑的主要優點是，讓你更能夠控制熱量與脂肪的用量。你只需要噴一點油脂出來，而不是在鍋子裡倒進一大堆油。酒精會蒸發掉，留下一層油脂與卵磷脂。你仍然是在一層油上面烹飪，但這一層油很薄，而且熱量很低。

因為廠商努力爭取高獲利的「無脂肪」名義，噴劑標籤上可能會出現很怪異的算術。例如：Pam牌的標籤上宣稱「每份只含有二卡路里」。但什麼叫作「一份」呢？標籤上的定義是噴灑三分之一秒，據說這樣足夠覆蓋十英寸鐵鍋的三分之一（我們必須假設，這是為了煎三分之一個蛋捲）。為了聲稱熱量更低，某廠牌的噴劑標籤說，「一份」就是噴灑四分之一秒。

如果你沒有比利小子（譯註：聞名的美國西部快槍手）那麼靈敏的手指，或者如果你考慮到風的影響，給鍋子足足噴上一秒鐘，你頂多只噴了六卡路里。即便如此，少量脂肪不等於沒有脂肪。

必須少到什麼程度，才可以在標籤上號稱「無脂肪」呢？依照食品藥物管理局的說法，每一份只含有不到半公克脂肪的噴

劑，都可以標示為含有「零公克脂肪」。噴灑三分之一秒的「一份」噴劑，大約含有零點二公克的脂肪；因此，它是法律上的「無脂肪」。如果廠商把「一份」定義成噴灑足足一秒鐘，那就會超過半公克的限制，於是不能稱作「無脂肪」。真會鑽漏洞，不是嗎？

　　順帶一提，如果你是愛買雙重保險的人，請噴一點不沾鍋噴劑到你的不沾鍋上。食物呈現的色澤會比沒有脂肪的時候更好看。對不起──我是說，比沒有「無脂肪」的時候更好。

知　識　補　給　站

想俐落地倒出橄欖油並不容易，每個廠牌的設計包裝也各有不同。若每次都要將油倒進特殊設計的帶嘴油壺，那也很麻煩。我把橄欖油的瓶蓋換成調酒用的噴嘴。幾乎能用在所有的橄欖油瓶上，可以俐落地倒出涓涓細流，也不容易滴漏。

橄欖油用的噴嘴

泡麵的麵條為什麼總是那麼彎呢？

> 我很喜歡吃泡麵，但我注意到它含有很多鈉和脂肪。
> 脂肪是來自麵條，還是調味包？

　　麵條裡的成分與調味包裡的成分是分別列出的，所以你不難找出答案。鹽（通常很多）是在調味包裡。你可能沒料到麵條含有許多脂肪，令人意外的是，大部分的脂肪都躲在麵條裡。

　　我知道你一向納悶他們是怎麼製造出緊密而完美交織的長方形麵條，我也一樣；以下就是答案。

　　麵糰首先從一排小孔擠出來，形成並排波浪狀的長條。然後，依照規定長度切割，並且摺疊起來；隨後放在模子裡油炸。這樣可以除去水分，永保彎曲形狀。油炸當然會給麵條添加脂肪，雖然調味包裡可能含有少量的油，但所有脂肪含量幾乎都來自麵條。

　　少數的幾個廠牌是用風乾，而不是油炸；但除非包裝上有清楚標示，否則唯一的分辨方法就是看麵條有沒有包含許多脂肪。稍微計算各大品牌包裝上的營養成分表，可以知道，除了熱水之外，一碗麵湯含有百分之十七至百分之二十四的脂肪。所以，如果你認為泡麵麵條「只是麵粉」，就該要三思了。

鮮奶油比淡味鮮奶油重嗎？

有個朋友想和我賭鮮奶油的重量比淡味鮮奶油輕。
我應該賭嗎？

不要賭，否則你會輸。

鮮奶油（heavy cream）比淡味鮮奶油（light cream）含有更多的乳脂肪（因為可以製造奶油，所以通常叫作奶油脂肪）：鮮奶油含有百分之三十六至百分之四十的脂肪，淡味鮮奶油只有百分之十八至百分之三十的脂肪（如果有興趣知道，鮮奶油可能含有多達兩倍的膽固醇）。但就同樣體積而言，脂肪比水輕；脂肪密度比水低。所以，以水為基礎的液體裡面，脂肪的百分比越高，液體就越輕。

兩者的差別並不大。在我的廚房實驗室裡，一品脫的鮮奶油重四百七十五公克，一品脫的淡味鮮奶油重四百七十六點四公克：重了百分之零點三。

至於名稱中的濃（heavy）淡（light）並非代表它們的重量，而是豐腴度與濃稠度。脂肪含量高的物質比較濃稠——更黏滯——因此在舌頭上感覺比較有分量，或「更濃郁」。

為什麼喝牛奶之前要先搖搖瓶子？

瓶裝牛奶上層常浮著一層奶油，為什麼會這樣？
如何製造均質化牛乳？

　　某些年紀比較大的讀者可能記得，牛乳是裝瓶送到家門口的（我是在歷史書裡讀到這回事）。那種牛乳的表面上浮有一層奶油。為什麼？因為奶油只不過是乳脂肪含量比較高的牛乳，因為脂肪比水輕（密度比較低），所以浮在上層。我們──我是說老一輩的人──必須用力搖晃瓶子，讓奶油分布均勻。

　　如果脂肪球可以被分割成夠小的「小球」──直徑大約是十萬分之八英寸，小球就不會上浮；水分子會從四面八方拉住它，讓它懸浮在牛乳裡。為了產生小球，我們用每平方英寸兩千五百磅重的壓力，從管子裡噴出牛乳，沖擊金屬細篩；從另一邊出來的牛乳細泉就會含有能夠懸浮的微小脂肪顆粒。

　　優酪乳與冰淇淋通常是用均質化牛乳製造的。但我們因為希望乳脂肪球能夠聚集起來，製造奶油與乾酪時，則不會使用均質化牛乳。

超高溫殺菌比低溫殺菌更能殺死細菌？

超市裡的牛乳和奶油都宣稱是「超高溫殺菌」，
那麼低溫殺菌是什麼？它的殺菌力不夠嗎？

這個問題爲我解決了一個老問題。1986年，我在法國南部住了六個月，我看見在美國從來沒見過的事。超市貨架上的牛乳沒有冷藏，牛乳不是裝在瓶子裡或紙盒裡，而是裝在磚塊形狀的厚紙板箱裡。

他們是怎麼做到的？我想不通。牛乳在法國雖然不是最受喜愛的飲料，但他們怎麼可以這樣滿不在乎地對待它？難道牛乳不會腐敗？我答應自己，一回到美國，就盡快找出其中道理，但是我似乎有一點拖延。

1884年發明的玻璃牛乳瓶，在二次大戰後，開始被蠟膜紙盒取代。後來蠟膜被塑膠膜取代，時至今日，覆膜紙盒主要與常見的大容量半透明塑膠容器競爭。那些磚塊形狀、未冷藏的容器叫作防腐包裝，指的當然是無菌包裝（編按：也就是俗稱的「利樂包」）。

我們買的牛乳難道不全都是無菌的嗎？令人驚奇的是，儘管使用種種方法滅菌，牛乳並非全然無菌──殺死所有細菌與阻止倖存細菌繁殖是不同的。

低溫殺菌法是藉著「烹煮」來殺死致病細菌，或使細菌失去活力。就像你可以低溫長時間烤熟雞肉，或高溫短時間烤熟雞肉；我們可以經由不同的時間與溫度組合，完成有效的殺菌。原本企圖殺死結核桿菌的傳統殺菌法，要把牛乳加熱到華氏一百四十五度至一百五十度（攝氏六十三度至六十六度），並維持三十分鐘。因爲不能殺死乳桿菌與鏈球菌之類的抗熱細菌，或使它們失去活力，所以近來較少使用傳統殺菌法。這就是爲什麼普通殺

菌的牛乳仍然必須冷藏。

　　後來出現了瞬間殺菌法，牛乳只需在華氏一百六十二度（攝氏七十二度）中殺菌十五秒鐘。但今天的現代化乳品工廠瞬間加熱到華氏二百八十度（攝氏一百三十八度），維持兩秒鐘就可以完成滅菌。方法是讓牛乳通過平行的高溫加熱板間隙，再迅速冷卻到華氏三十八度（攝氏三度）。那就是超高溫殺菌。超高溫殺菌的牛乳與奶油仍然必須冷藏，但依照冷藏溫度，儲存時間可以從十四至十八天增加到五十至六十天——但溫度絕不可超過華氏四十度（攝氏四度）。

　　我剛才是不是說超高溫殺菌把牛乳加熱到華氏二百八十度（攝氏一百三十八度）？是的。但是牛乳難道不會沸騰嗎？如果放在開放式容器裡，那就會沸騰。但就像壓力鍋可以提高水的沸點一樣，加熱殺菌設備在高壓氣體之下加熱牛乳，以阻止牛乳正常沸騰。

　　歐洲比美國先使用超高溫殺菌，也領先使用防腐包裝——就是我在法國看到的磚塊盒裝保久乳。與超高溫殺菌一樣，保久乳在高溫短時間殺菌，送進經過蒸氣或過氧化氫消毒的容器與包裝機器。灌注與封裝是在無菌環境中進行的。產品具備幾個月，甚至長達一年的無冷藏儲存期限。不僅如此，因為密封包裝裡沒有空氣，乳脂肪不會氧化變酸。

　　美國市場中，難得看到防腐包裝的牛乳或奶油。防腐包裝主要是用在有機與「健康食品」部門的豆漿與豆腐產品，還有小型「飲料盒」的果汁。或許是因為比較節約能源，歐洲廣泛地使用防腐包裝。食物在運輸期間不需要冷藏，比起使用鐵罐或玻璃瓶包裝也比較輕。但美國業界朋友告訴我，另一個原因是，美國消費者不信任「看起來怪怪的」，而且不冷藏的牛乳。也有很多人告訴我，高溫殺菌的牛乳有令人不快的、燒過的味道。無論你的牛乳與奶油是怎麼殺菌包裝的，就像你我一般，它們畢竟有過期的時候。永遠要記得檢查包裝上的日期。

第四章

廚房裡的化學

烹飪就是化學，這已經是老掉牙的陳腔濫調了。沒錯，對食物加熱會造成化學反應，帶來增進味道、口感，及易於消化的變化。但是與技術不同的是，烹飪的藝術在於知道要綜合哪些「反應物」，還有如何綜合與操控它們，以產生最讓人愉快的化學變化。

那樣描述人生的最大樂趣之一，是不是太不浪漫了？當然不浪漫。但事實上，所有的食物都是化學物。碳水化合物、脂肪、蛋白質、維生素與礦物質都是由分子與離子，那些微小的化學單元組成的。種類繁多的不同分子在烹飪、新陳代謝，甚至生命本身幾乎無窮無盡複雜的化學反應中，扮演不同的角色。

除了基本的營養外，我們在烹飪中還會遇到許多其他物質 —— 化學物。在這一章談論某些「食物裡的化學物」時，我不會像反對食品添加物的人一樣，賦予這個字眼可怕的意涵，而是認清我們的食物終究也是化學物。純水，也就是 H_2O，當然是最重要的化學物。

濾水器究竟濾掉了什麼？

我買的濾水器宣稱使用「離子交換樹脂」，
可以消除鉛與銅之類的東西。
它們也會消除像氟那樣有用的東西嗎？

「濾水器」（water filter）這個名稱會誤導人。「過濾」的意思只是水經過含有微小孔洞或者細小通路的器具，以便篩除浮懸的顆粒。如果你在水源品質可疑的國家旅行，而且問侍者水有沒有過濾，侍者的肯定回答可能只意味著水不是混濁的。

在美國，濾水器已經變成一種泛稱，它所指的器材不只濾清水質，而且純化水質，可以消除異味、臭氣、有毒化學物與致病微生物。目的是要保證飲水安全而且美味。

你的嗅覺與味覺會告訴你要不要消除臭氣與異味。至於有毒化學物與病原物，自來水公司與獨立的檢驗所可以提供分析。依照你偏執的程度而定，你可能很想找到能夠消除水裡面除了水之外的一切東西的濾水器。但是請記住，花錢買器材消除水裡面本來就沒有的東西是一種浪費。持續更換濾芯是很花錢的。

有哪些種類的「壞東西」會污染水源？工業與農業化學物、氯與它的副產品、金屬離子，還有例如隱孢子蟲與梨型鞭毛蟲的囊體，這些原蟲性寄生蟲會造成腹部劇痛、腹瀉，甚至讓免疫系統較弱的人出現更嚴重的症狀。

隱孢子蟲與梨型鞭毛蟲通常大於一微米或者百萬分之四英寸，所以洞孔比那個小的障礙物就能夠擋掉它們。但是並非所有的濾水器都包括粒子過濾器，所以如果你關切這些污染物，必須檢視產品說明書宣稱的性能有沒有包括減少囊體。

濾水壺、安裝在水龍頭或水管上的商用濾水器，使用三種方式移除其他污染物：木炭、離子交換樹脂、粒子過濾器。

　　大部分濾水器的工作主力是活性碳，這種物質對於一般的化學物，尤其對於氣體（包括氯），具有龐大且不分青紅皂白的驚人胃口。製造木炭是在空氣不足的情況下，加熱木材之類的有機物，讓它分解成多孔的碳，卻沒有真正燃燒。依照製造的方法而定，木炭可能含有非常大量的內部表面積。一盎斯活性碳——最好的是用椰子殼製造的——可能含有大約二千平方英寸的表面積。那些表面積對空氣中或水中的雜質分子是非常有吸引力的降落場，它們一旦降落就被黏住了。

　　活性碳可以吸附糖溶液裡面的有色雜質，也用在防毒面具裡吸附毒氣。（吸附〔adsorption〕意指個別分子黏在某個表面上，吸收〔absorption〕是指大量地吸收某種物質。活性碳能夠吸附，海綿則是吸收。）活性碳在濾水器裡移除氯與其他發臭氣體，還有除草劑與殺蟲劑等化學物。

　　現在來談離子交換樹脂。它們是小小的，像塑膠一樣的球體，可以移除鉛、銅、汞、鋅與鎘等金屬。當然，那些物質在水裡面是離子，而不是一塊一塊的金屬。金屬化合物在水裡溶解時，金屬以離子（帶正電的原子）形式進入水中。移除正電荷會讓水具有過剩的負電荷，而大自然極為偏好保持電中性的世界，所以我們不能用活性碳移除水裡面的這些離子，那必須耗費非常多的能量。

　　我們能做的是，用其他比較無害的正離子（例如鈉離子或氫離子）來交換有害的正離子。那就是離子交換樹脂的用處。離子交換樹脂含有結合鬆散的鈉離子或氫離子，可以與水裡的金屬離子互換位置，讓金屬離子困在樹脂裡。樹脂（還有活性碳）早晚會裝滿污染物，所以必須更換。更換的時間取決於水質狀況。如果水質偏硬，離子交換樹脂也會移除鈣離子與鎂離子，於是你必須提早一點更換。

　　大部分的家用濾水器具有活性碳與離子交換樹脂，兩者通常混合在單一的濾芯裡。它們可以移除金屬與其他化學物，但未必

能夠移除致病的囊體。就像我說過的，務必檢視產品說明書關於囊體的部分。

　　淨水過濾器會不會移除氯？一般而言，不會。氯離子帶負電而不是正電，只能交換正離子的離子交換樹脂會忽略氯。但全新濾芯照理說可以藉著活性碳移除最初一、兩加侖水裡的氯。但在那之後，濾水器不會移除氯。

是發粉讓麵糰膨脹的嗎？

有些食譜說要用小蘇打，有些說要用發粉，有些說兩者都要。
它們的差別是什麼？

　　全都是化學的大道理。小蘇打（baking soda，又名bicarbonate of soda）是單一的化學物：純粹的重碳酸鈉；而發粉（baking powder）是小蘇打加上一種或更多的酸鹽，例如一鈣磷酸鹽、二鈣磷酸鹽、硫酸鋁鈉，或磷酸鋁鈉。因為我溫暖了化學迷的心，卻混淆了其他的讀者；所以，讓我設法贏回後者。

　　小蘇打和發粉都用在發酵（leaven的字源是拉丁字levere，意思是脹起來，或是使之鬆軟）：藉著產生無數個微小的二氧化碳氣泡使烘焙食品膨脹起來。氣泡在潮濕的麵糰裡面形成，然後烤箱的熱力使氣泡膨脹，直到熱力使麵糰變硬，困住了氣泡，形成孔洞。我們希望的結果是鬆軟，像海綿一樣的蛋糕，而不是黏乎乎的一團東西。

　　以下是這兩種名稱易於混淆的蓬鬆劑的工作原理。

　　小蘇打一接觸到白脫牛奶、酸奶油之類的酸性液體就會產生二氧化碳，接觸硫酸也會（不建議這樣做）。所有的碳酸鹽與重碳酸鹽遇酸都會產生二氧化碳。

　　另一方面，發粉就是拿小蘇打與乾燥的酸性物質混在一起。如果食譜裡沒有其他的酸性成分，那就使用發粉。兩種化學物在發粉沾濕之後，會立即溶解，互相反應產生二氧化碳。為了避免它們過早「引爆」，必須存放在密閉容器裡，嚴防接觸空氣裡的濕氣。

　　在大多數情況下，我們不希望發粉剛和麵糰混合就放出全部氣體——這時候還沒有烘焙到能夠困住氣泡。所以我們購買「兩段式」發粉（無論標籤有沒有說，現在的發粉大部分都是那樣），

它在沾濕的時候會釋出部分氣體,在烤箱達到高溫才會釋出其餘的氣體。一般而言,發粉裡面不同的化學物負責不同的反應。

但是為什麼有的食譜既要小蘇打又要發粉呢?在這種情況中,使糕餅蓬鬆的其實是發粉,它裡面含有正確比例的重碳酸鹽與酸,可以完全互相反應。但是如果材料裡恰好有白脫牛奶之類的東西破壞那個平衡,就需要使用小蘇打提供額外的重碳酸鹽,來抵消過多的酸。

在自己家裡,最安全的路線就是不要更改行之多年的食譜;使用食譜指定的蓬鬆劑種類與分量。

 知 識 補 給 站

小蘇打幾乎可以永久存放,不過它會吸收酸性的臭氣;所以有人在冰箱裡放不加蓋的小蘇打來除臭。另一方面,發粉的兩種成分會緩緩發生反應,如果暴露在潮濕空氣中更是如此,所以幾個月後就會失效。放一些發粉到水裡做測試。如果不會激烈地冒泡,它就是威力不足而且蓬鬆效果不好。扔掉它,買一罐新的。

鋁會導致阿茲海默症嗎？

發粉的包裝標籤上說，它含有一點硫化鋁。
但是，食用鋁不是很危險嗎？

硫酸鋁鈉，還有其他幾種含鋁的化合物，屬於食品藥物管理局所說的GRAS（Generally Regarded as Safe），意思是「一般認為是安全的」。

大約二十年前，一項研究發現過世的阿茲海默症患者腦部的含鋁量比較高。在那之後，很多人懷疑無論是食物或水裡的鋁，或番茄之類的酸性食物溶解烹飪器材所含的鋁，都會造成阿茲海默症、帕金森氏症，及魯蓋瑞氏症。

根據後來所做的大量後續研究，得到矛盾與相反的結果。阿茲海默症協會、美國食品藥物管理局、加拿大衛生部都同意，目前還沒有可證實的科學證據指出，人體攝取鋁與阿茲海默症有直接的關係，因此大家沒有理由要避開鋁。

引用阿茲海默症協會的說法：「鋁在阿茲海默症扮演的確切角色（如果有的話），仍在研究與爭辯之中。但是大部分研究人員相信，沒有存在足夠的證據將鋁視為阿茲海默症的風險因素或失智症的成因。」

身為千百萬長期苦於胃痛的人之一，在新式的抗胃酸回流藥品問世之前，我曾經長年服用很多鋁鎂製劑（Maalox, MAgnesium ALuminum hydrOXide）以及類似的含鋁制酸劑。然而，我完全沒有阿茲海默症的跡象。

你剛才問的是什麼？

鋁箔有閃亮的一面和比較不亮的一面。有些人相信不同面有不同
的用途。不對。不管哪一面向上都沒差別。外觀不同的唯一原因
是在滾壓的最後一步，兩張鋁箔一起壓出以節省時間。接觸光滑
滾筒的一面，壓出來是閃亮的；鋁箔互相接觸的一面，壓出來的
成品比較不亮。

阿摩尼亞可以做餅乾？

我有一份舊食譜上說，需要烘焙用的阿摩尼亞。
那是什麼？

　　阿摩尼亞本身是嗆鼻的氣體，通常溶解在水裡，用於洗衣和清潔用途。

　　但是烘焙用的阿摩尼亞是碳酸氫銨，這種蓬鬆劑遇熱會分解成為三種氣體：水蒸氣、二氧化碳與阿摩尼亞。現在已經很少使用它了──甚至很難找到它──原因是，如果烘焙過程沒有完全驅除阿摩尼亞氣體，就會造成苦味。因為扁平餅乾有很大的表面積讓氣體逃逸，所以餅乾烘焙商可以使用它。

檸檬酸其實只有酸，沒有檸檬味？

> 我母親的包心菜捲食譜需要用到酸味鹽。
> 我問過的店都不知道那是什麼。那究竟是什麼東西？

酸味鹽（sour salt）是錯誤的命名。它與食鹽或氯化鈉完全無關。事實上，它根本不是鹽；它是一種酸。鹽與酸是兩類不同的化學物。

每一種酸都是獨特的化學物，而且擁有可以與其他的酸區別的特性。但是它可能擁有幾十種衍生的鹽：每一種酸都是許多種鹽的父母親。但是，所謂的酸味鹽不是衍生出來的鹽，而是不折不扣的酸：檸檬酸。它具有極酸的味道，可以用在從軟性飲料到果醬與冷凍水果等等，在數百種加工食品裡面造成酸味。

除了酸味之外，檸檬酸與其他的酸可以減緩水果因酵素與氧化影響而變黑。檸檬酸來自柑橘屬水果或發酵的糖蜜，使用在中東與東歐菜餚裡，最常見的一道菜是羅宋湯。你可以在猶太市場或者大型超市銷售少數族裔食品的部門找到「酸味鹽」，或者在中東市場找到「檸檬鹽」。

檸檬酸絕不是唯一有酸味的東西。所有的酸都是酸味的。事實上，只有酸類具有酸味，酸類的獨特之處在於能夠產生氫離子，氫離子讓我們的味蕾對大腦高喊「這是酸的」。廚房裡面最強的酸是醋和檸檬汁。但是百分百檸檬酸結晶的酸味鹽，酸度遠勝過只含百分之五醋酸的醋，也勝過大約只含百分之七檸檬酸的檸檬汁。

檸檬酸的獨特之處是，它除了酸味沒有別的風味，然而檸檬汁與醋的強烈風味會影響整道菜。廚師們可以試著在需要酸味，但不需要檸檬味或者醋味的菜餚裡，使用酸味鹽。

塔塔醬和塔塔粉有關係嗎？

什麼是塔塔粉？
它和塔塔醬及韃靼生牛肉有關嗎？

　　毫無關係。Tartar 與 Tartare 這兩個字的字源不同。韃靼人（Tartar 或者 Tatar）是波斯語稱呼中世紀橫掃亞洲與東歐的成吉思汗麾下的蒙古人。歐洲人認為韃靼人文化怪異，或者至少可以說是政治不正確，例如穿著完整的動物皮毛，而且時常吃生肉。因此，有一種現代美食的名稱是韃靼生牛肉（steak tartare）：碎牛肉加上剁碎的生洋蔥、生蛋黃、鹽與胡椒，還有隨你喜歡加多少的美式辣椒醬、烏斯特香醋、第戎芥末、鯷魚與酸豆（美國烹飪之父詹姆斯·貝爾德〔James Beard〕大膽嘗試使用干邑白蘭地，讓他的食譜更為文明）。

　　塔塔醬（Tartar sauce）是美奶滋加上剁碎的醃黃瓜、橄欖、香蔥葉、酸豆等配料。塔塔醬傳統上是搭配炸魚吃的。正統的塔塔醬可能會含有醋、白酒、芥末和植物香料；它被叫作韃靼，可能是因為有酒而且味道強烈。

　　在塔塔粉裡面的那個 tartar 則是另一回事。它是阿拉伯語的 durd，經過拉丁語轉成英語，意思是一大桶發酵的酒裡面的沉澱物。今天的葡萄酒釀酒商使用 tartar 這個字，專門指一桶酒抽光之後，留在桶底的紅褐色晶體沉澱物。化學上說，那是不純淨的酒石酸氫鉀，是一種酒石酸鹽。食品店裡賣的白色、高度純淨的酒石酸氫鉀有個很美的名稱，叫作「酒石英」（cream of tartar）。

　　葡萄酒桶裡形成的酒石英來自葡萄汁裡的酒石酸，葡萄酒的全部酸性大約有一半來自酒石酸（其他大部分是蘋果酸與檸檬酸）。人類在知道酒石酸之前，很早就知道酒石英；然後化學家終於發現酒石酸，而且依照酒桶裡的酒石英來為它命名。這是先

命名後代，然後命名父母的例子。

　　酒石英的烘焙用語是塔塔粉，它在廚房裡最常見的用途是，使攪拌後的蛋白穩定。因為它的酸性，所以能夠做到這件事（行話：它降低混合物的 pH 值）。穩定的蛋白泡沫取決於幾種蛋白質的凝結作用，其中最適合形成泡沫的是球蛋白。適當的酸性環境會讓球蛋白喪失互相排斥的電荷，讓它們更容易凝結在泡沫壁上，使泡沫更堅固，就像是用強力橡膠製造的氣球。

　　有好幾本書把酒石英誤說成酒石酸，而非正確的酒石酸鹽——酒石酸氫鉀。我曾經說過，雖然酒石英是鹽，但它略呈酸性，所以很容易犯上面的錯誤。

老　饕　廚　房

葡式蛋白酥
Portuguese Poached Meringue

這一道來自葡萄牙的甜點，很像不含麵粉的戚風蛋糕；而且，儘管是在蛋糕模型裡烘焙，卻不是蛋糕。它是令人驚奇的、質地非常蓬鬆的蛋白酥。要是沒有半茶匙的塔塔粉，蛋白就會分解，恢復成液態。葡萄牙最為人稱道的甜點是千變萬化的各式蛋黃加糖的甜點。發明這種蛋白酥的廚師，可能是要想辦法用掉剩下來的大量蛋白。製作這種甜點之後，你會有相反的問題：剩下的十個蛋黃要怎麼辦？解決之道是什麼？做兩批檸檬蛋黃醬（第281頁）。

■材料
大約兩大匙糖，裝飾用
十個蛋白（一杯半），室溫
半茶匙塔塔粉

一杯糖

半茶匙香草精

四分之一茶匙杏仁精，可以省略

糖漬水果切片、莓果或果醬

1. 煮沸兩夸脫水，用文火保溫備用。在十二杯容量的中空蛋糕
   模型裡噴灑不沾鍋噴劑，用紙巾擦去多餘的噴劑。在模型內
   部均勻地撒上一層糖，拍掉多餘的糖。烤箱架放在最低位
   置，預熱到華氏三百五十度（攝氏一百七十七度）。

2. 在大碗裡，使用電動攪拌器中速攪拌蛋白與塔塔粉，打成泡
   沫狀。一次加入一大匙糖，繼續攪拌；直到出現明顯攪拌痕
   跡，及柔軟的尖峰形狀。加入香草精，可以選擇加不加杏仁
   精。不要過度攪拌，否則蛋白糊會在烤箱裡溢出，或者「過
   度膨脹」。

3. 將蛋白混合物倒入蛋糕模型裡，用刀或金屬抹刀輕輕插入，
   戳破大型氣泡。將蛋糕模型放進淺烤盤，置於最低的烤架
   上。在烤盤裡倒一英寸深的微沸熱水，造成雙層鍋隔水加熱
   效果。烘焙大約四十五分鐘，使蛋白酥定型，表面呈現金褐
   色。如果膨脹得太高，別擔心，它會縮下去的。

4. 從烤箱裡拿出來，如果蛋白酥似乎黏著模型，用抹刀分開
   它。通常能夠順利取出，倒扣在色彩亮麗的大盤子裡。冷卻
   至室溫之後切片，直接食用或冷藏食用均可。可以冷藏，但
   最好在二十四小時之內食用完畢。上桌前，切成楔形，加上
   糖漬新鮮水果、莓果或果醬。

十二人份。

香草精聞起來很香，吃起來怎麼那麼難吃？

香草精聞起來非常香，能夠增添食物的美味，
但為什麼直接食用那麼難吃？

香草精的成分中大約百分之三十五是味道辛辣難吃的酒精。威士忌與其他蒸餾酒當然含有更多酒精（通常是百分之四十），但製造威士忌淵遠流長的調味與熟成程序軟化了辛辣的味道。

如果食品標籤上寫的是「純香草精」（pure vanilla extract），就必須從真正的香草豆中提煉。香草豆迷人的味道與香氣大部分來自香草醛，化學家可以用更低廉的成本製造出香草醛。合成香草醛在商業上用於烘焙食品、糖果、冰淇淋等食物。它與天然的化學物相同，而且是人工香草精的主要成分。

但真正的純香草精遠比單純的香草醛複雜，尤其是它可以長期保存，用量不大，所以買人工化合物並不合算。科學家已經確認了真正的香草精裡面一百三十種以上的化合物。

更適合某些用途的是，裝在不透氣的玻璃或塑膠試管裡的完整香草豆。香草豆應該柔軟結實，而不是又乾又硬。（順便一提，香草「豆」不是豆子；它是豆莢。豆子是種子，豆莢是含有種子的果實。）香草的味道與香氣大部分集中在種子，還有包圍種子的油狀液體中；如果要得到最強烈的風味，用刀沿著縱長切開豆莢，利用刀背把種子刮下來使用。

但豆莢也有很強的香氣與味道，所以不應該拋棄。把豆莢埋在密封糖罐的砂糖裡面幾星期，定期搖動罐子。糖會吸收香草的味道，非常適合用於咖啡或烘焙食品。

味精為什麼會讓食物嚐起來更美味？

什麼是味精？

它如何增強食物的味道？

　　這個貌不驚人、本身沒有味道的細小白色晶體，能夠增強許多食物的天然風味。這聽起來真的很神祕，神祕之處不在於味精是否有效——沒有人懷疑那回事——而在於為什麼有效？就像許多古老、偶然發現的祕方，缺乏科學的理解並沒有阻止人類二千多年來享用味精的好處。

　　「風味增強劑」這個詞容易造成誤解，所以人們很難接受食用味精這個概念；其實它對於食物的幫助不在於改善味道，也就是說它們不會讓食物的味道更可口——它們似乎是強化或放大了某些本來就存在的味道。食品工業界喜歡稱呼它們是提鮮劑，我稱呼它們是風味推進器。

　　現在，我必須談到有關味精對體質敏感者造成影響的辯論。人人都聽說過中國餐館症候群（Chinese Restaurant Syndrome, CRS），這個不幸且政治不正確的名稱，在1968年被用來代表某些人用餐之後，出現的包括從頭痛到胃痛在內的許多症狀。背後的罪魁禍首似乎是簡稱MSG的麩胺酸鈉，於是展開了長達三十年有關MSG安全性的爭論。

　　爭論的一方是「全國動員禁用麩胺酸組織」（National Organization Mobilized to Stop Glutamate），該組織的簡稱代表了他們直截了當的解決方案。依照NOMSG的說法，各種各樣的麩胺酸至少造成二十三種身心痛苦，症狀從流鼻水到眼袋浮腫到恐慌到部分麻痺。

　　可以預料的是，站在不同立場的另外一方是加工食品廠商，

他們認為MSG與類似化合物對於加強他們產品對消費者的吸引力具有莫大的價值。

官方仲裁者是食品藥物管理局，經過多年的評估研究之後，仍然認為：「如果以習慣的分量食用，MSG與有關物質，對大部分人來說，是安全的食物成分。」問題在於，「大部分人」不等於全部的人，所以食品藥物管理局仍在努力管制含有麩胺酸食物的標示規則，以便為全體消費者創造最大益處。

麩胺酸鈉是一位日本化學家在1908年最先從昆布分離出來的。日本人稱它是味之素。今天，十五個國家每年生產二十萬噸純麩胺酸鈉。它一車一車賣給食品加工廠商，在商店裡以盎斯計算賣給消費者。

麩胺酸鈉是一種麩胺酸鹽，麩胺酸是構成蛋白質最常見的胺基酸。增強風味的特性存在於分子的麩胺酸基，所以凡是釋出自由麩胺酸基的化合物都有相同的作用。與鈉化合的麩胺酸基只是濃度最高，而且最便利的一種形式。帕瑪乾酪、番茄、磨菇與海草是自由麩胺酸基的豐富來源。只需要少許的以上成分就可以加強菜餚的味道。傳統上，日本人會利用海草的麩胺酸基為清淡可口的湯增添風味。

人類的味覺涉及很複雜的化學與生理反應，所以很難確定麩胺酸基究竟扮演什麼角色。但是有些想法時常被人提出來討論。

我們知道不同味道的分子在味蕾停留的時間長短不一。那麼，有一個可能性是麩胺酸基會造成某些分子停留更久一點，於是味道比較強。此外，麩胺酸基或許有它自己的味覺區，而且是與傳統所謂的甜、酸、鹹、苦四區分立。使事態更複雜的是，除了麩胺酸基，還有好幾種別的物質具有「增強風味」的性質。

日本人很早以前就發明了一個詞來描述海草麩胺酸基對於味覺的獨特影響：鮮（即日文漢字「旨味」）。今天，鮮味已經被公認是由麩胺酸基刺激，產生的另一類回味無窮的味覺，就像糖、阿斯巴甜與糖精家族產生的甜味那樣自成一類。

　　很多蛋白質含有麩胺酸，而麩胺酸可以經過細菌發酵與人類消化等方式，分解成為自由麩胺酸基。（人體蛋白質裡面大約有四磅重的麩胺酸基。）這種化學分解反應叫作水解，所以只要你看見食品標籤上有任何種類的「水解蛋白質」——無論蔬菜、大豆，或者酵母，它或許就含有自由麩胺酸基。水解蛋白質是加工食品中使用得最廣泛的風味增強劑。

　　雖然食品可能不含形式上的MSG，標籤上甚至說「無MSG」，但是它仍然可能含有其他的麩胺酸基。所以如果你懷疑自己屬於對麩胺酸基超級敏感的少數人，你也應該注意湯品、蔬菜與點心標籤上的婉轉用語：水解植物蛋白質、自溶酵母蛋白、酵母萃取物、酵母營養素、天然原味或者天然調味。

　　你問什麼是「天然原味」？它就是從自然產物取得的物質，而不是在實驗室或者工廠裡無中生有製造出來的。無論最終分離出那種增味物質的化學過程多麼迂迴曲折，只要起點不是人造物，就可以稱作「天然」。

　　美國聯邦法規101.22 (a) (3)規定：「天然原味或者天然調味一詞是指任何一種提煉油、樹脂油、提煉物或者萃取物、蛋白質水解產物、蒸餾物、烘烤產品、加熱產品，或者酶分解產品，在食品中的主要功用是調味性而非營養性的，而且其中含有來自植物香料、水果或果汁、蔬菜或蔬菜汁、可食酵母、藥草、樹皮、芽蕾、根、葉，或者類似的植物材料、肉類、海產、禽類、蛋類、乳品，或者該等物品的發酵物取得的味道成分。天然原味包括182.10、182.20、182.40與182.50各節，以及本章之184條與本章172.510列出的物質。」

　　懂了嗎？

奶油乳酪是牛奶做的，那它為什麼不含鈣？

為什麼我的奶油乳酪包裝上說它不含鈣？
它是牛乳製成的，不是嗎？

奶油乳酪（cream cheese）含有「百分之零的鈣」，而且在食品標示的無意義世界裡，零不等於沒有。

如果要追究的話，沒有任何一種東西的含量是零。我們能說的只是，某一種東西的含量少到我們使用的偵測方法不能找到它。如果你無法找到某種物質，那並不意味著沒有幾兆億的分子潛伏在你的儀器敏感界限之下。

基於那個根本原理，食品藥物管理局面對的問題是要賦予什麼上限，然後准許食品廠商在標籤上的營養資訊欄，宣稱某種食物裡面某種營養素的含量是「無」、「百分之零」、「不是可觀的來源」。

這可不是容易的事，尤其是關於什麼時候可以宣稱某種食物「無脂肪」這種別有用心的問題（每次看到標籤說「百分之九十七無脂肪」，而不說「百分之三脂肪」，我都覺得好笑）。

奶油乳酪是特別有意思的例子，它的鈣含量幾乎恰好落在「零」的邊緣上。

首先，因為使用奶油或牛乳與奶油的混合物製造，這種乳酪含有的鈣比你認為的少。

令人驚奇的原因在於，奶油含鈣量比相同重量的牛乳少很多。在一百公克中，全脂牛乳平均含有一百一十九毫克鈣，而奶油只含六十五毫克。那是因為牛乳比奶油脂肪少，而含水較多，大部分的鈣質在含水的乳漿部分。在牛乳凝結時，會留下大部分的鈣在乳漿裡。對奶油乳酪而言，更是如此；奶油乳酪的乳漿更

酸（行話：pH 4.6 至 4.7），因此能夠保有更多的鈣。

　　於是每盎斯奶油乳酪只有二十三毫克鈣，相比之下，每盎斯水牛乳酪（mozzarella cheese）含有一百四十七毫克。即使只有二十三毫克，當然還是有鈣，而不是沒有。那麼，標籤上為什麼說「百分之零」？

　　標籤上列出的營養素百分比不是產品裡面的營養素百分比；而是每份食品提供的某一種營養素占該營養素的每日建議攝取量的百分比。例如，依照標籤上說，兩大匙（三十二公克）的花生醬提供每日脂肪需求量的百分之二十五。但那三十二公克裡面含有十六公克的脂肪，所以那個產品其實有一半是脂肪。

　　現在回到奶油乳酪。鈣的每日攝取參考值高達一千毫克，所以一盎斯奶油乳酪裡的二十三毫克大約只占每日建議攝取量的百分之二。你猜怎麼著？食品藥物管理局准許，每份百分之二或更少的含量可以標示成「百分之零」。

　　這個故事的教訓是：如果瑪菲小小姐坐在她的小凳子上，只吃奶油，不喝乳漿，就會變成乾癟的老太婆；她的骨頭脆弱，她的鈣全都浪費掉了。

為什麼吃剩的義大利麵不要放在鋁製容器裡？

> 我把吃剩的義大利麵用鋁箔紙蓋住，放在冰箱裡；
> 拿出來加熱時，我注意到鋁箔紙碰到麵的部分出現小洞。
> 這是化學變化嗎？會造成什麼影響？

　　正如你所擔憂的，你的義大利麵在鋁箔上腐蝕出小洞（並不是你的烹飪技術不好）。

　　鋁是化學家所說的活躍金屬，容易被番茄裡的檸檬酸與其他有機酸侵襲。事實上，你不應該在鋁鍋裡烹飪番茄或其他酸性食物，否則它們溶解的鋁會多到讓食物有金屬味道。另一方面，人類的胃壁不只含有比任何食物更強的酸（鹽酸），而且甚至不怕公司提供的廉價咖啡。

　　但在你的例子裡，除了單純的金屬被酸溶解之外，還有別的事情發生。

　　只有裝剩菜的容器是金屬製的時候，番茄醬才會腐蝕蓋在上面的鋁箔，如果容器是玻璃或者塑膠製的就不會。所以甚至不用問你，我就知道你吃剩的義大利麵是放在不鏽鋼鍋或不鏽鋼碗裡，對嗎？（福爾摩斯說：「親愛的華生，這是基本推理。」）

　　如果鋁金屬同時接觸到另一種金屬，以及番茄醬那樣會導電的物質（你當然知道番茄醬會導電，你不知道嗎？），這三種物質的組合就構成了電池。

　　是的，老天作證它是電池。腐蝕鋁箔的不是單純的化學反應，而是電的作用（更精確說是電解）。雖然很難用它啟動你的隨身聽，更別提它髒兮兮的，但是理論上行得通。

　　以下就是發生了什麼事。你的不鏽鋼碗當然大部分是鐵。鐵原子抓住本身電子的力量遠大於鋁原子對本身電子的抓力。所以

如果有機會的話，碗裡的鐵原子會從鋁箔裡的鋁原子那邊搶走電子。番茄醬提供導電路徑讓電子從鋁跑到鐵，於是製造了機會。失去電子的鋁原子不再是金屬鋁的原子，它成爲溶解在番茄醬裡的鋁化合物裡的原子（行話：鋁被氧化成可溶於酸的化合物）。

　　所以，你只有在番茄醬造成鋁電子轉移到鐵電子可能發生的地方，才會看到鋁箔溶解。如果義大利麵放在非金屬的碗裡，因爲玻璃或者塑膠都沒興趣吸走其他物質的電子，所以那些事情都不會發生。你要是不相信我說的，就得重修大二化學課。

　　你可以自己做測試。在不鏽鋼碗、塑膠碗、玻璃碗裡各放一大匙番茄醬，在每一團番茄醬上面各放一條鋁箔，確保鋁箔與碗的接觸良好。兩天之後，你會看見不鏽鋼碗裡的鋁箔在接觸番茄醬的地方被腐蝕了，然而其他兩個碗裡的鋁箔不受影響。

　　這個故事有幾個實用的教訓。首先，剩下的醬汁——不見得是番茄醬；也可能是含有葡萄酒的調味料，或者含有檸檬汁或醋的酸性醬汁——可以隨你的意願放在任何容器裡，蓋上任何東西。但如果是金屬碗蓋上鋁箔，務必確定鋁箔沒有接觸到醬汁。

　　其次，不要遲疑是否可以使用超市銷售的義式寬麵鋁盤。它們價格便宜，用後即丟，十分方便。就算你給它們蓋上鋁箔，只不過是鋁對鋁；沒有不同的金屬，所以不會有電解腐蝕。

為什麼我們那麼愛吃醋？

> 我讀過許多關於醋的神效，
> 從清洗咖啡壺到減輕風濕痛，甚至有助於減肥。
> 醋到底有什麼特別之處？

　　人類使用醋已經好幾千年了。因為醋會自行產生，所以人類甚至不需要製造醋。只要有糖和酒精的地方，就會產生醋。任何化學家都會毫不遲疑地告訴你，醋是醋酸溶在水裡的溶液。但是我們也可以定義葡萄酒是酒精在水裡的溶液。

　　醋遠遠不只是醋酸的水溶液而已。最常見的醋來自葡萄（紅酒醋或白酒醋）、蘋果（蘋果醋）、大麥或燕麥（麥酒醋）、米（呃……米醋），全都保留它們來源的化學物，而且具有獨特的味道與香氣。除了那些之外，還有故意使用覆盆子、大蒜、茵陳蒿或其他香料，塞進醋瓶浸泡幾個星期來調味。

　　純度最高的是常見的蒸餾白醋，其實就是水裡面溶解了百分之五的醋酸，在洗衣房與廚房同樣適用。因為是使用工業酒精製造，而且經過蒸餾，白醋沒有水果、穀物或其他東西的味道。

　　最後還有香脂醋（balsamic vinegar）。真正的香脂醋在義大利艾米里亞羅曼尼亞（Emíla-Romagna）省，尤其是在雷吉歐艾米里亞（Réggio nell'Emília）區的莫狄納鎮（Módena）已經流傳製造了大約一千年。特拉比亞葡萄搗碎成葡萄汁與皮的混合物，然後連續在不同的木桶裡發酵與熟化十二年，甚至可能長達一百年。結果得到具有甜中帶酸，有橡木味道的濃稠褐色醋汁。它主要是用作調味料，而不是像普通醋那樣大量使用。

　　不幸的是，沒有法律規定「香脂」一詞在標籤上的使用，於是這個詞有時候被用在形狀花俏的小瓶，裝了有甜味的焦糖色的醋，而且漫天要價。即使瓶子標籤上有義大利文Aceto Balsamico

di Módena，仍然無法判斷裡面究竟是什麼。

　　琳恩・蘿塞托・蓋絲博（Lynne Rossetto Kasper）在《餐桌風光》（*The Splendid Table*）中指出：「購買香脂醋的風險與玩俄羅斯輪盤的風險完全相同」（好吧，就算不完全相同），而且「高價不代表高品質」。她的忠告是：想買真正使用傳統方法、慢工出細活的義大利製香脂醋，標籤上必須有 Aceto Balsamico Tradizionale di Módena，或奇怪的雙語標示 Consortium of Producers of Aceto Balsamico Tradizionale di Réggio-Emília。還有，帶著你的信用卡。

　　如果找到一瓶你喜歡的，有「香脂」標籤的東西，不管價錢多麼普通，不要換用別種醋，而且隨你高興地使用它。

　　無論是自然產生或是人為誘導，以下就是醋的「產生」方式。這個化學反應有兩步：(1)糖分解成酒精與二氧化碳氣體；(2)酒精氧化成為醋酸。第一個轉變叫作發酵，葡萄裡的糖分或許多別的碳水化合物，遇到酵母或細菌產生的酵素，變成葡萄酒或許多別的酒精飲料。在第二個轉變之中，醋菌屬的細菌幫助酒精與空氣中的氧氣反應，形成醋酸。即使沒有醋菌屬細菌，葡萄酒也會氧化變酸，但那種過程比較慢。事實上，英文的醋（vinegar）就是來自法文的 vin aigre，意思是酸的葡萄酒。

　　你可以在家裡使用葡萄酒或其他酒精飲料，加上含有大量醋菌屬的醋來啟動化學反應。造訪「醋之美食國際協會」（Vinegar Connoisseurs International）網站 www.vinegarman.com，查詢關於製造醋的其他事情。

　　市售的醋含有百分之四點五至百分之九的醋酸，最常見的是百分之五。因為大部分細菌無法在那個強度或者更強的酸裡生存，所以醋需要至少百分之五的醋酸濃度來進行它最年高德劭的用途之一，那就是藉著醋醃來保存食物。

　　既然話題扯到這兒，我就說一些關於酸的事。很多人傾向於

把酸這個字幾乎等同於腐蝕性。他們想到的無疑是真的能夠溶解一輛小汽車的硫酸與硝酸之類的礦物酸。但是，我們吃醋酸而不會受害的原因有兩個：第一，醋酸是弱酸；第二，醋是很稀薄的醋酸溶液。百分之百的醋酸真的頗有腐蝕力，而且你可不想讓它沾到你的皮膚，更別提澆在生菜沙拉上了。就算濃度只有百分之五，醋仍然是廚房裡僅次於檸檬汁的第二強酸。

　　醋有什麼用途？有很多民俗療法號稱醋可以治頭痛、打嗝和頭皮屑；緩和曬傷與蜂螫；還有──引用我在網路上找到的中國米醋廣告：「（醋）是長壽、寧靜、平衡與活力的來源。」相信這類民俗療法的人會很熱烈地告訴你，科學還不能證明那些療法無效。其中的原因當然只是科學家可以把時間花在更好的事情上，而不是追逐那些無稽之言。

    知　識　補　給　站

在砧板上切生肉之後，最好使用一夸脫水配一兩大匙漂白水所調製的消毒溶液擦洗砧板。但漂白水會在砧板留下很難洗掉的氯的氣味。醋可以消除氯的氣味，無論使用哪一種醋清洗砧板，醋酸可以中和漂白液裡面的鹼性物質（次氯酸鈉），而且消除氣味。
不是要搶洗衣專家的地盤，但如果你使用漂白液洗滌白色衣物，在最後一次清洗的水裡加上蒸餾白醋，衣物就不會聞起來像化學實驗室。

綠色的馬鈴薯是沒熟的嗎？

馬鈴薯皮的綠色有什麼含意？
綠皮馬鈴薯終有一天會成熟嗎？

不對，不對，不對。不是因為沒成熟才綠皮；馬鈴薯在成長的任何階段都可以食用。綠色馬鈴薯也不是因為它們是愛爾蘭的傳統食物。馬鈴薯的綠色皮是大自然警告我們有毒的標籤。

馬鈴薯植物含有苦味的生物鹼——茄鹼（solanine）。惡名昭彰的生物鹼家族包括尼古丁、奎寧、古柯鹼、嗎啡之類的強力毒性植物化學物。馬鈴薯植株大部分的茄鹼存在葉子與莖裡，但是有比較少量存在塊根的表皮之下，還有少量在芽眼裡。

如果地下的馬鈴薯在成長期間意外出土，或者在挖出來之後受到光線照射，馬鈴薯會認為甦醒與開始光合作用的時候到了。於是它開始製造葉綠素，而且表皮上稍呈綠色。它也在同樣的地方製造茄鹼。雖然要吃很多茄鹼才會有害人體，但是切掉綠色的部分總是沒錯；其他的部分則完全沒問題。或者，因為茄鹼集中在表面附近，你可以削去厚厚一層馬鈴薯皮來除掉大部分的茄鹼。因為切除綠色部分挺麻煩的，所以不要買一整袋有好幾個綠色區域的馬鈴薯。

開始發芽的馬鈴薯，或又軟又皺的陳年老馬鈴薯，茄鹼含量更高。所以務必拋棄儲存太久、又軟又皺的馬鈴薯。至於發芽的馬鈴薯，芽裡的茄鹼含量特別高，尤其是開始變綠的芽。

馬鈴薯適合儲存在乾燥陰涼，但不要太冷的地方。在冰箱的溫度下，馬鈴薯會製造茄鹼，並把內含的某些澱粉轉變成糖；油炸時變成褐色而有特殊甜味。

綠色的洋芋片可以吃嗎 ?

為什麼有些洋芋片的邊緣是綠色的 ?
它們可以吃嗎 ?

那些薯片是從具有綠色表皮的馬鈴薯切出來的,因此含有少量不會被油炸摧毀的毒性茄鹼。吃它們是無害的,在毒素足夠發生有害的影響之前,你早就因為吃太多薯片而撐到臉色比薯片邊緣更綠。

如果你以為可以在購買洋芋片之前,先檢查有多少鑲綠邊的薯片,你可想得美。你有沒有注意到,與可以看到內容物的點心袋不同,包裝洋芋片的袋子是不透明的?那不是為了阻止你檢視薯片,而是為了擋住紫外線,以免紫外線加速薯片裡的脂肪氧化,變得又酸又臭。事實上,所有的脂肪與烹飪油都不應該受到強光照射。

袋裝洋芋片通常灌了氮氣,以擠掉含氧的空氣。包裝袋會像氣球一樣鼓起來。當然,依照我的諷世作風,我必須指出不透明而且氣鼓鼓的包裝會占用更多貨架空間,同時阻止我們發現那些袋子可能只有半滿。

芽眼是催情毒物？

自從朋友告訴我馬鈴薯芽眼有毒，最好仔細挖掉，
每次削馬鈴薯時都覺得在玩死亡遊戲。
芽眼到底有多危險？

　　沒有散播可怕故事的好心朋友說的那麼危險。但那些故事含
有少許的眞實成分。

　　馬鈴薯在十六世紀後半葉引進歐洲時，大家懷疑芽眼不是有
毒，就是能夠催情，或者──這是個有趣的想法──兩者兼備。
（作鬼也風流！）

　　人們對於來自新世界的任何異國食物都傾向抱持這種想法，
包括番茄在內。（鮮紅的顏色無疑促成法國人稱呼它們是「愛情
蘋果」〔pommes d'amour〕。）

　　但我們必須讓舊世界的人稍釋懷疑之心，馬鈴薯與番茄其實
同屬茄屬植物家族，其中最爲惡名昭彰而且毒性致命的是顚茄
（belladonna）。我忍不住要在這裡指出，義大利文的bella
donna，其實是「甜心」或者「美麗的女人」之意。

　　這種植物爲什麼叫這個名稱？因爲它含有阿托平
（atropine），造成瞳孔擴大的一種植物鹼。據說十六世紀的義大
利婦女把它當作增加性誘惑力的化妝品。

　　向前快轉到二十一世紀，以及你的好心朋友的警告。通常存
在於馬鈴薯裡的少量有毒植物鹼茄鹼，確實會在發芽的芽眼裡增
多。所以已經發芽的芽眼，尤其是如果芽眼已經開始變綠，當然
要挖掉。但是就算已經發芽，茄鹼的所在位置不算很深，用削皮
刀挖一下就可以解決了。

美洲人為什麼用通水管的鹼液來處理玉米？

美國南方的主食是玉米，而不是馬鈴薯或稻米。
聽說玉米的製作過程要用到鹼液，那不是用來通水管的嗎？

是的，但早在玉米粥上桌之前，鹼液已經被徹底洗掉了。

鹼液（lye）的英文與拉丁文的洗濯有關，本來是指在水裡面浸泡，或者洗濯木灰得到的強鹼溶液（木灰裡的鹼性物質是碳酸鉀，因為鹼與脂肪反應形成肥皂，早期的肥皂是用木灰與動物脂肪製造的）。

今天，鹼液通常指的是苛性鈉，也叫作氫氧化鈉。它當然絕非善類，不只有毒，而且只要有機會，就要溶解你的皮膚。它藉著把脂肪變成肥皂，以及溶解毛髮來疏通阻塞的水管。

如果把玉米粒浸泡在弱鹼溶液裡，溶液會鬆開強韌的纖維素外殼，分離含油的玉米胚芽，只留下澱粉質的內胚乳。將內胚乳洗濯乾燥之後，就是可供食用的玉米碎粒。在整個製作過程裡，可以解除人們焦慮的步驟就是，徹底的洗濯可以移除過剩的鹼液。乾燥的玉米塊會粗碾成為玉米碎粒，在美國南方通常是水煮之後食用。

石灰（氧化鈣）的鹼性雖然不如苛性鈉，但也可以用在類似的製程中分解玉米粒。加熱石灰石或者貝殼（碳酸鈣），就可以製造出石灰，所以人類知道並且使用石灰已經好幾千年了。美洲原住民千百年來使用石灰處理並且烹飪玉米。在今天的墨西哥與中美洲，居民在石灰水裡烹煮玉米，然後洗濯、瀝水、乾燥，碾磨成為玉米粉。玉米薄餅就是用玉米粉做的。

古代美洲人不知而行，藉著使用石灰處理玉米，改進玉米的味道與營養價值。玉米所含的某些必需胺基酸不足，鹼可以增加

那些胺基酸。石灰與色胺基酸反應，產生鮮味的化學物（2-胺基苯乙酮），賦予玉米薄餅獨特的味道。石灰也給這種食物增加鈣質，而且最重要的，或許是增加我們吸收菸鹼酸這種必需的維生素B。

　　飲食缺少菸鹼酸會造成糙皮病，這種衰退疾病的特徵是三個D：皮膚炎（dermatitis）、腹瀉（diarrhea）、失智（dementia）。在1937年發現糙皮病的原因是缺少菸鹼酸之前，糙皮病在以玉米為主食的社會很猖獗，像是義大利以玉米粥為主食的地區與美國南部鄉下。因為使用石灰處理，墨西哥人與中美洲人一向很少罹患糙皮病。

　　回到玉米的話題：雖然生長在缺少玉米碎粒的北方，但我很清楚這本書也會在美國南方上市，所以我趕忙讚美我在紐奧爾良以西的嘉郡（Cajun）地區享用過一頓難忘的早餐。那一餐有煎蛋、碎玉米、香腸、小甜麵包和牛奶咖啡，讓我念念不忘。想知道更多關於玉米的事嗎？請進入www.grits.com網站。

藍莓玉米薄餅
Blueberry Blue Corn Pancakes

在美國西南部，藍玉米相當常見，有一種濃郁的堅果味道。就像鹼液與石灰一樣，經過鹼性的木灰處理，可以為藍玉米增加某些胺基酸。許多人重視藍玉米優越的營養價值，鹼性處理也會增強它的顏色。這道食譜的小蘇打也有相同的作用。這種玉米粉是不起眼的灰色，但在製作薄餅時，玉米粉會和小蘇打起作用而出現藍色。藍莓當然會增加更多的藍色。藍玉米粉並沒有一定的規格，你可能會買到從細粉到粗粉，各種不同碾碎程度的產品。不要緊，較粗的顆粒會給薄餅特別的嚼勁。墨西哥

食品或美國西南部產品專賣店可以買到藍玉米粉。如果買不到，用黃玉米粉或白玉米粉代替也無妨，但顏色與口感可能會不同。

■材料
一杯藍玉米粉
一大匙糖
兩茶匙發粉
一茶匙小蘇打
半茶匙鹽
一杯牛乳
兩個大雞蛋，打好備用
三大匙溶化的無鹽奶油
半杯中筋麵粉
一杯新鮮藍莓
用來塗抹烤盤的奶油
奶油與糖漿

1. 在大碗裡攪拌玉米粉、糖、發粉、小蘇打與鹽。在小碗裡混合牛乳、雞蛋與奶油。將奶蛋混合液倒進粉料中，攪拌均勻，形成薄麵糊。靜置十分鐘。
2. 加入麵粉，攪拌均勻。不要過度攪拌。輕輕混入藍莓。
3. 加熱煎鍋，至手心在煎鍋上方能夠感到熱的程度。刷上薄層奶油。倒入四分之一杯的麵糊，形成一個薄餅。
4. 加熱一到兩分鐘後，麵糊表面起泡、邊緣變硬、底部略呈褐色時翻面，繼續加熱另一面，略呈褐色即可。搭配奶油與糖漿一起食用。

可做十四個至十六個四英寸薄餅。

第五章

海陸大餐

關於食用動物的 22 個科學謎題

人類是雜食性動物，牙齒和消化系統都適合進食植物與動物。除了主張動物權利的人之外，不可否認的事實是，肉類與魚類通常是我們最主要的盛宴。

在地球上幾乎數不清的動物物種之中，或許只有幾百種曾經被人類例常獵捕或者撈捕當作食物，而且其中只有很少數的動物變成家畜。在當代社會裡，我們例常食用的動物種類更少。去超市的肉類部門走一趟，你看到的肉類很少超出以下四大類：牛肉或小牛肉、羊肉、豬肉與禽肉。

另一方面，在美國市面上大約有五百種魚類、貝類與甲殼類水生動物，是世界其他地區的兩倍以上。大海蘊藏著難以想像之多的可食用物種，但是人類對於深海只做了皮毛式的利用——沒有以可觀的數量做商業養殖。我們相對貧乏的選擇不是因為大自然缺乏多樣性，而是因為文化上與經濟上的自我設限。

我們之中許多人嘗試過異文化的美食，例如蚱蜢、響尾蛇、美洲鱷、扇貝、海膽、海參，同時因為商業供給日增，有更多的人開始享用兔肉、野牛肉、鹿肉、鴕鳥肉，以及鴯鶓肉。

無論如何，我們日常食用的動物仍然可以分成兩大類：陸產與水產。或者，就像某些餐廳為了拿不定主意的消費者推出海陸大餐——可能有牛排配龍蝦尾，或者鯷魚配冰淇淋等組合。

在這一章裡，我們要談為什麼來自陸地與來自水裡的蛋白質外觀與烹飪方式都不同。

肉有紅、白、藍三種顏色？

我喜歡三分熟的牛排，常有人調侃我茹毛飲血。
我能為自己辯護嗎？

不用辯護。因為他們錯了，你儘管繼續吃就好。

紅肉裡面其實幾乎沒有血。在牛的血管裡面循環的血液大部分連肉舖子都到不了，更別說是到餐桌上了。我不是要做過分血淋淋的描述，但是在屠宰場裡，牛隻剛剛被解體之後，大部分的血都放掉了，例外的是，有一些血困在心臟與肺部這兩個（你應該會同意）極少人有興趣要吃的部分。

血液的紅色來自「血紅素」，這種含鐵的蛋白質從肺部攜帶氧到肌肉以供運動的需要。但是紅肉的紅色主要不是來自「血紅素」，而是另一種含鐵、攜氧，叫作「肌紅蛋白」的蛋白質。肌紅蛋白的職責是把氧儲存在肌肉裡，只要肌肉接到動作的指令，就可以立即使用氧。要是沒有現場備用的肌紅蛋白，肌肉很快就會缺氧，而且必須等待更多的血液抵達，於是不可能進行長時間耗力的活動。

肌紅蛋白與血紅素一樣，遇熱會變成褐色。因此七分熟的牛排是灰褐色，然而三分熟的牛排仍然是紅色的。但是在法國，如果你想要很不熟的牛排，你應該要求它是bleu。對，那就是藍色的意思，但是法國人從什麼時候開始變成講邏輯了？（好吧，為了公平起見，新鮮生牛肉其實是帶一點肌紅蛋白的紫色。）

因為各自需要不同分量的耗力活動備用氧，所以不同的動物肌肉裡面含有不同分量的肌紅蛋白。豬肉（那些懶惰的豬）所含的肌紅蛋白比牛肉少，於是鼓吹吃豬肉的人號稱豬肉是「另類白肉」，但是它其實是粉紅的。魚肉含有的肌紅蛋白甚至更少。所以，依照不同的物種持續肌肉活動的演化需求，動物的肉可能天

生是紅色、粉紅色，或者白色。例如鮪魚肉的顏色相當紅，原因在於鮪魚是越過世界海洋長距離遷移的強壯、快速游泳的魚。

　　現在你明白爲什麼雞胸肉是白的，但是牠們的脖子、小腿和大腿肉顏色比較深。雞在啄食的時候用到脖子，走路用腿，但是龐大的雞胸只是多餘的包袱。因爲美國人比世界其他地方的人更愛吃白肉，所以培育胸大的雞。其實，除非是放山雞，美國今天的養殖雞太受照顧，以至於就算是「黑肉」（即雞腿肉）也和雞胸肉一樣白。

知　識　補　給　站

如果有吃剩的三分熟牛排、烤牛肉，或者羊肉，隔天加溫時我會希望肉不要變得更熟，那該怎麼做呢？因為微波會深入穿透，即使時間很短也會讓肉變得更熟，所以我把肉放在密封式塑膠袋，擠出所有空氣，泡在一碗熱水裡。水會給肉加溫，但不足以讓肉變得更熟。

暗紫色的牛肉其實很新鮮？

超市裡的牛絞肉外表鮮紅，裡面的顏色卻比較暗。
他們是不是用了染料，讓牛肉看起來比較新鮮？

沒有，他們或許沒有玩花樣。

新切的肉表面不是鮮紅的；因為含有紫紅色的肌紅蛋白，所以肉自然是紫色的。但是肌紅蛋白接觸到空氣中的氧氣時，它會迅速變成櫻桃般鮮紅的氧合肌紅蛋白。所以牛絞肉只有外部表面呈現我們通常聯想到的美觀鮮紅色，裡面的肉則沒有接觸到夠多的空氣。

新切的、紫色的牛肉裝在不透氣容器裡，從肉品工廠送到市場。在市場絞碎之後，牛肉通常包在氧氣能夠通過的塑膠膜裡，於是牛肉的表面「綻放出」氧合肌紅蛋白的紅色。

但是更長時間暴露在氧氣之下，紅色的氧合肌紅蛋白逐漸氧化成為褐色的變性肌紅蛋白，不僅外觀難看，而且肉會走味。變性肌紅蛋白顯示肉已經是過期的貨色。事實上，變性肌紅蛋白產生之後很久，肉才會真正變成有害健康。

零售市場使用的塑膠包裝材料（低密度的乙烯樹脂或聚氯乙烯）容許恰好夠多的氧氣透入，保持肉的表面處於鮮紅狀態。

總之：無論切片切丁，或者絞碎，你的牛肉如果是暗紫色，它其實很新鮮。但是即使肉已經變成褐色，仍然還有幾天可以食用。判斷你的漢堡是否過期的終極器官是你的鼻子，而不是你的眼睛。

頂級牛肉不頂級？

肋排（prime rib）的prime是什麼意思？
我以為那是最好吃且最貴的牛肉，
但某些餐廳的肋排其實挺難吃的。

　　美國農業部評鑑等級中的極佳級（USDA Prime）牛肉，眞的是最好吃而且最貴的牛肉。但是我們有時候會吃到五點九五美元一客（還附送沙拉吧），又硬又乾、外面包著咬不動的脂肪，應該叫作「美國農業部不可食用級」的肋排。Prime rib這個名字是不是名不副實呢？

　　不一定。Prime這個字確實幾乎在任何時候都是意指第一流的或者頂級的品質，但是在此處卻和品質完全無關。它只是表示肉是從牛的什麼部位切下來的。你吃到的肋排有可能會對應到任何一種美國農業部訂定的品質等級。在從牛的屠體切下來之前，美國農業部依照牛齡、肉質、色澤與脂肪含量等性質，把牛肉分成八個等級──那些性質決定了柔嫩度、多汁程度與風味。這八個等級從高到低依序是：極佳（Prime）、特選（Choice）、可選（Select）、合格（Standard）、商用（Commercial）、可用（Utility）、切塊（Cutter）及製罐（Canner）；在1987年以前，Select叫作Good。

　　無論屬於哪一個等級，屠體可分成八大切割部位：肩胛、肋脊、前腰脊、後腰脊、後腿、前胸與腱子、胸腹、腹脅。肋排取的是牛的十三根肋骨中第六到第十二號這個部位。在剁掉肋骨末端（即牛小排）之後，屠宰業的術語簡稱剩下的部分是肋排。

　　再說一次，那個名稱與美國農業部評鑑的牛肉最高品質等級無關，所以不要被菜單上那個prime所迷惑。你要依照餐廳等級來判斷那個烤牛肉可能是什麼品質。

熬高湯一定要用骨頭嗎？

骨頭對高湯有什麼貢獻？

我能夠了解肉與脂肪如何釋出味道，但難道骨頭會分解嗎？

或者我們用骨頭熬湯只是為了取用骨髓？

骨頭是熬煮高湯或燉肉不可或缺的原料，就像肉、蔬菜與調味品一樣不可或缺。

如果我們把骨頭看成堅硬、不起化學反應的礦物質，那麼它們的用處就不明顯。沒錯，它們的構成材料是礦物：確切地說是磷酸鈣。但是磷酸鈣不會在熱水裡溶解或者分解，所以如果只有磷酸鈣的話，我們用骨頭或者石頭熬湯都一樣。它們不會賦予高湯任何味道。

但是相對於礦物，骨頭也包含有機物質，最明顯的是軟骨與膠質。在年幼的動物體內，骨頭含有的軟骨比礦物質多，而且軟骨含有膠質，這種蛋白質遇熱會分解成為柔軟的骨膠。所以骨頭其實會賦予高湯濃郁與滑潤的口感。脛骨與股骨，以及連接它們的關節都特別富含膠質。

如果你想要得到冷卻後能像果凍般凝結的高湯，那就加入一隻富含膠質的小牛腳或幾只豬蹄。煮過的豬腳裹著冷卻的膠質是老式的鄉下名菜。如果你做這道菜，可以對客人炫耀說是法國名菜「帶骨豬腳」（Pied de Cochon）。

骨頭的堅硬部分似乎是實心的，但其實含有令人意外之多的水、神經纖維、血管，還有一些如果我說出來，你就會立刻決心吃素的東西。

你可以在基礎的生物課程中學到，典型的骨頭有三層結構。內核是含有許多美味有機物的海綿狀物質，在骨頭中空的部分還有更美味的骨髓。所以——這是重要的事——在放進高湯之前，

必須剝開骨頭。在內核的外面，是一層堅硬、大致上是礦物質的物質，接著是強韌、纖維化的外層，叫作骨膜。

但是我們丟進湯鍋的骨頭還沾著一些東西。除了萬聖節的骷髏或者實驗室標本，你有沒有看過完全乾淨的骨頭？沒有肉、脂肪、軟骨，或者其他相連的組織沾在上面？不太可能。那些碎渣全都會增加高湯的美味。不僅如此，我們使用烤過的小牛骨熬深色高湯之時，它們會呈現很好看的褐色。

所以你應該把骨頭存放在冰箱裡，準備熬煮高湯。或者利用世界上除了免費或幾乎免費的忠告之外，最不值錢的東西：肉販子賣剩的骨頭。

老 饕 廚 房

希臘羊脛骨
Greek Lamb Shanks

年幼動物的脛骨周圍有許多富含膠質的軟骨。膠質烹煮分解後，成為可口的骨膠，和肉汁、脂肪、骨髓一起形成濃郁的褐色醬汁（你或許無法取出細骨裡面的骨髓，但美味的脂肪在烹飪時會滲入醬汁裡）。這一道菜的成敗很大程度取決於烹飪器材的選擇。為了得到最好的效果，請使用附有厚重鍋蓋的鑄鐵荷蘭鍋，把熱氣悶在裡面，以均勻地加熱。烤完之後，肉應該是呈現油亮亮的褐色，香味逼人、肉質柔嫩。可以前一天先做好，在冰箱裡用容器分裝羊脛與蔬菜，醬汁另放，把凝結的脂肪與醬汁分離。

■材料
四支羊脛骨，每塊四分之三磅到一磅重
兩大匙橄欖油

鹽與現磨胡椒
兩個胡蘿蔔，粗切
兩根芹菜，粗切
一個大洋蔥，粗切
四到六個蒜瓣，粗切
半杯不甜的紅酒（dry red wine）
半杯水
一杯番茄醬
一茶匙乾牛至，最好是希臘出品
半茶匙乾燥百里香或一大匙新鮮百里香

1. 烤箱預熱到華氏三百五十度（攝氏一百七十七度）。去掉多餘脂肪。將橄欖油倒入鍋中，以中火加熱。必要的話，分成兩批處理，將羊脛外表煎成褐色，撒上大量的鹽與胡椒。移到盤子裡。

2. 維持中火，將胡蘿蔔、芹菜與洋蔥倒入鍋中，大約加熱五分鐘，直到變軟但未變成褐色。加進大蒜，再加熱兩分鐘。將羊脛放進來。

3. 紅酒和水調勻，澆在羊脛上。澆上番茄醬，再撒上牛至和百里香。加熱到液體微沸。

4. 嚴密蓋上鍋蓋或用鋁箔密封，在烤箱裡烤兩小時或烤到肉與骨頭接近分離為止。

5. 將羊脛移到餐盤，蓋上鋁箔保溫。取出蔬菜，排在羊脛周圍。醬汁倒進量杯裡，去掉多餘油脂（參見第141頁），大約是一杯的量。視需要調整醬汁味道，可以澆在羊脛上或另行放置。

四人份。

骨頭邊的肉最甜？

為什麼有人說骨頭邊的肉最甜？

那種說法需要一些……糖。

「甜」這個字眼在烹飪上已經被過度使用，而且是誤用。它時常只是意指令人愉快的味道，而非字面上的意思。或許是因為，在已經獲得確認的人類基本味覺之中，甜味似乎是最讓我們愉快的味道。

無論如何，最接近骨頭的肉真的有幾種原因讓它最好吃。

首先，因為骨頭埋在深層，不會像表面的肉那樣迅速遭遇高溫。例如你在烤丁骨牛排時，靠近骨頭的肉會比其他部分生一點，就比較多汁美味。

另外，將肉附著在骨頭上的肌腱以及其他結締組織還會產生另一個效應。這些組織裡的膠原蛋白遇熱，會轉變成更加柔軟的蛋白質——骨膠。骨膠的保水性強，能夠吸納高達本身體積十倍的水。所以一般而言，膠質最多的地方——通常就是鄰接骨頭的地方——肉就越嫩而且越多汁。

第三個接近骨頭的效應比較明顯。在某些部位，尤其是肋排與小排，骨頭附近有很多脂肪。所以，當你像亨利八世一樣，趁著沒人注意大啖那些肉骨頭時，必然會吃進大量脂肪。讓人（以及我們的血管）懊惱的是，高度飽和的動物脂肪是很美味的。

為什麼用溫度計測烤肉時，不能碰到骨頭？

食譜書上說，用肉品溫度計測試烤肉時，
不能讓溫度計碰到骨頭。
我找不到提供解釋的原因。這會造成爆炸或什麼危險嗎？

我討厭沒有理由的警語，你有同感嗎？

那種警告只是散播焦慮，卻沒有提供資訊。每當我看見包裝盒上「從另一端開啓」的警語，我就故意開啓錯誤的一端，看看會發生什麼事。我仍然活得好好的。

骨頭傳導熱量的能力不如肉。其中一個原因是骨頭裡面多孔，而飽含空氣的小孔不易傳熱。還有，骨頭相對而言比較乾燥，烤肉裡面大部分的熱傳導是靠著水分。所以大部分的肉都達到某一個溫度時，骨頭周圍的區域有可能相對比較低溫。那會造成溫度計讀數太低，讓你把肉煮得太老，或者燒烤過頭。

怎麼抹掉雞湯表面那層油？

煮湯時鍋面總會浮現一層油脂，我想撇掉那層油。
有容易的方法嗎？

食譜說，你的雞湯要「撇掉脂肪」，好像這回事和剝香蕉皮同樣容易。

照理說，你只要拿一只湯匙舀掉那層脂肪，而不要動到底下的固體或液體。但是「撇掉」這個詞是個騙局。首先，很難知道要舀多深才不會舀掉太多底下的液體。如果你的鍋子很大，脂肪層可能分布得很薄，使你無法用湯匙除掉脂肪。還有，可能會有肉塊或蔬菜浮出表面，影響你的動作。最後，可能還有很多脂肪藏在固形物之間。

如果鍋裡沒有太多液體，可以把液體全都倒進肉汁分離器——狀似小型水桶的玻璃杯或者塑膠杯——像作弊的莊家一樣，從底下拿出東西。類似水的液體會流出來，上面那層油則留在杯子裡面。

或者，你可以把液體倒進耐熱玻璃製的高窄容器裡，讓油脂層變厚，用頂端有橡膠帽的滴管吸出。最誘人的方法是把整個鍋子放進冰箱，就可以像揭掉池塘表面的冰層一樣揭掉凝固的脂肪層。但高溫的湯鍋會把冰箱裡的東西升高到危險的、適合細菌生存的溫度。因此，放進冰箱前，先把高溫食物分裝到幾個小容器裡，以加速冷卻。

有一種巧妙迅速而容易的方法是，使用小型拖把——沒錯，就是拖把——用拖把輕鬆拂過高湯表面，它會選擇性地吸收油脂，但不會吸收湯汁。在廚房用品店可以買到這種工具。可是，它們的名稱很倒人胃口，像是油脂拖把、脂肪拖把與油膩拖把。你可能會想問：拖把如何區別油性液體與水性液體？

普通拖把會吸水，那是因爲水會沾濕——也就是附著——拖把的纖維。水分子與棉花分子或者製造拖把的材料分子之間有吸引力。而且，水會藉著毛細作用在纖維之間向上爬。於是，如果你把普通拖把浸水之後拿出來，就會有很多水隨著拖把一起出來。但是水當然不能沾濕所有的表面，水分子對於某些分子的吸引力實在太小了。例如：把蠟燭浸到水裡，蠟燭拿出來仍然是乾的。水不會附著到蠟或某些塑膠上面，但是——這就是重點——油會附著到那些東西上面。製造油膩拖把的塑膠材料會吸引油脂，但不會吸引水。因此，它只會把油吸出來。

油脂拖把

當你的拖把已經吸滿了油，而每次使用只能吸收那些分量，在下一次去油前，要怎麼處置那些油？

你可以用熱水沖洗拖把，讓油流進排水管；但是油終究會找到低溫的地點而且凝結——除了拆掉房子之外，任何水管師傅都對付不了那種阻塞。或者，你可以踏進後院，很帥氣地用力甩拖把。一場油雨不會傷害草地，還可以進行生物分解。螞蟻甚至還會因此感謝你。然後，回到廚房繼續吸油，然後甩油，直到鍋裡的油全沒了爲止。

為什麼火腿沒有冷藏卻不會腐壞？

自從搬到維吉尼亞，我就對從來不冷藏、
在路邊攤或市場貨架上販售的「維吉尼亞火腿」覺得很奇怪。
那些火腿為什麼不會腐爛？

那是因為它們經過「醃製保存」，這個詞泛指一切阻止細菌
生長的方法，甚至在室溫也有效。

但火腿是很難定義清楚的。它們是怎樣醃製的？火腿全都是
鹽醃的？煙燻的？火腿是否需要浸泡？需要烹煮？因為火腿有各
式各樣的製作方法，所以那些問題沒有單一的簡單回答。人類面
對的挑戰中，很少有像如何吃後腿肉這樣的問題，激發出如許奇
謀巧計。

就切割方式而論，你可以找到全腿、半腿、帶皮或去皮火
腿，還有綑紮火腿。更別提帶骨的、去骨的，還有笨拙而矛盾，
修辭式的「半無骨」（semi-boneless）火腿（semi-boned 可能稍微
合乎邏輯些，在屠宰業的術語中，boned 就是去骨之意）。

還有不是依照火腿經歷的外科手術來命名，而是依照生產方
式與地點來命名的火腿。除了以色列與伊斯蘭之外的每個地區與
文化，似乎都有自己的方法對付豬的後腿。某些最聞名的地區性
火腿來自英格蘭、法國、德國、波蘭、義大利與西班牙。在美
國，有一些名頭很大的火腿來自肯塔基州、佛蒙特州、北卡羅來
納州，還有……是的，維吉尼亞州。

請不要寫信告訴我，說我沒有回答什麼是「世界上最好的火
腿」。我不爭論政治、宗教，或火腿方面的事。這麼多的產品都
歸類到「火腿」的稱呼，那是因為除了未經處理的「新鮮」火腿
之外，它們都是經過下列五種之一或更多方法處理的豬後腿：鹽

醃、煙燻、乾燥、調味與熟成。火腿的種類幾乎與那五種方法的排列組合一樣多，只不過鹽醃是必備的一個步驟，而且時常就被稱作醃製保存。

鹽醃、煙燻與乾燥都有助於殺死造成食物腐爛的細菌。以下是它們的原理。

鹽醃

人類使用鹽醃保存肉類已經有幾千年歷史。鹽能保存食物是因為它藉著滲透而殺死細菌或者使細菌失去活力。細菌就是細胞膜裡面包著一團原生質，就像枕頭套裡面包著果凍。原生質含有水以及溶解的物質——蛋白質、碳水化合物、鹽，還有其他很多對於細菌至關重要、但是我們目前不關切的化學物。

現在讓我們用很濃的鹽水浸泡某一個倒楣的細菌，讓它細胞膜外面的環境含鹽量比裡面的環境含鹽量高很多。只要可滲透薄膜（細胞膜）相反的兩側存在不平衡，討厭不平衡的大自然就會試圖恢復平衡。

大自然在這個例子裡的做法是試圖迫使水離開鹽濃度比較低的一側（細菌的內部）進入濃度比較高的一側（外面的鹽水）。藉著沖淡比較濃的溶液而且濃化比較淡的溶液來降低不平衡。對於細菌，不幸的後果是它會失水、萎縮，而且死亡。至少，因為細菌的繁殖受到阻擾（「親愛的，今晚不要；我脫水了。」），細菌對於我們不再是威脅。

因為薄膜兩側溶液濃度不平衡而造成水穿過薄膜的自發運動叫作「滲透」。滲透作用也可以改善肉類的風味以及烹飪性質（參見第148頁）。

順帶一提，很濃的糖水溶液與很濃的鹽水溶液殺菌效果相同。所以我們可以使用大量的糖保存水果與漿果來製造蜜餞。理論上，你可以用鹽代替糖來製作草莓果醬。但是千萬不要邀我去你家吃早餐。

　　近來，火腿與其他的豬肉醃製產品可能使用了鹽混合其他物質，例如糖（用糖醃製的火腿）、調味料，還有亞硝酸鈉。亞硝酸鹽發揮三種作用：(1)阻止肉毒桿菌生長，這種細菌是惡名昭彰的肉毒毒素的來源；(2)改善火腿的味道；(3)與鮮肉裡的肌紅蛋白反應，形成叫作一氧化氮肌紅蛋白的化學物，在緩慢加熱的過程中使豬肉變成鮮豔的粉紅色。亞硝酸鹽在胃裡面會轉變成致癌物質亞硝胺。因此，美國食品藥物管理局限制醃製食物裡的亞硝酸鹽含量。

煙燻

　　火腿醃製並沒有經過烹飪程序，所以必須進一步處理。在燃燒的木材上面煙燻，可以殺死細菌，部分原因是煙燻使肉類乾燥，部分原因是這是一種低溫烹煮，還有部分原因是煙含有邪惡的化學物（你不會想知道的）。但是隨著木料種類、溫度、時間長短等等，煙燻也賦予肉類種種美好的風味。

　　一般而言，經過煙燻的火腿（大部分是這樣），食用之前不必再經過烹飪。超市賣的火腿可能是全熟或者半熟的。詢問店員或檢視標籤，上面可能會說「已煮熟」、「隨時可食」或「煮熟後食用」。

　　現在回答你的問題：維吉尼亞火腿經過鹽醃與煙燻徹底處理，所以不需要冷藏或烹煮。那並沒有阻止很多人買它們回家之後，無事找事、大費周章地處理它們。

乾燥

　　長時間晾在乾燥的空氣裡，也可以脫水並且殺菌。義大利的風乾火腿（prosciutto）與西班牙的風乾火腿（serrano）是搓上乾燥的鹽，傳統上是在通風的山洞或閣樓裡晾乾。因為沒有煙燻處理，就技術上來說，仍然是生的；通常切成像紙一般薄的肉片生吃。吃沒有細菌的生肉並沒有什麼不對。

調味與熟成

這才是眞正形成不同火腿獨特風味的地方。火腿可以裹上鹽、胡椒、糖,以及各種祕方配製的調味料,然後經過很多年熟成。如果經過鹽醃與乾燥,火腿不會因爲細菌而腐壞,但會隨著時間流逝而長黴,必須刮掉黴污之後才可以吃。所謂的鄉村火腿時常就是這一類。黴污或許看起來很可怕,但裡面的肉好吃極了。再說一次,吃這種火腿是無妨的。

在火腿品質光譜最低的一端,就是那些在超市與便利商店販賣,裝在熟食盒裡面的粉紅色、包著塑膠膜的方形或圓形的火腿片。它們可以被叫作火腿,只因爲含有醃製的豬肉,此外便與眞正的火腿無關(你看過完美的正方形豬腿嗎?)。它們是藉著壓力把碎肉屑擠成幾何形狀製成的,就只配得上便利商店難吃的白土司麵包片。雖然經過煙燻,但含水太多而且易於腐壞,所以必須放在冰箱冷藏。

留它們在那裡吧。

老 饕 廚 房

醃製鮭魚
Gravlax

火腿與肉類通常用鹽醃製,水果則是用糖醃製。原因很明顯是和味道有關。但鹽與糖在殺菌方面同樣有效;它們藉著滲透吸走水分。北歐人過去習慣把鮭魚和鯡魚埋在地洞裡發酵。今天,醃製鮭魚則是塗上一層糖和少量的鹽。法國人有時候是用鹽加上少量的糖。這個食譜是鹽與糖各一半,但你可以視自己的口味來調整比例。總共只需要半杯的鹽糖混合物。製作醃鮭魚很容易,但需要兩、三天的時間,所以必須事先計畫。完成之後,你將會擁有最好看而美味的開胃菜。切薄片,和甜芥末

醬與裸麥麵包一起上桌。

■材料
三磅至三磅半的連皮中段鮭魚，盡可能呈矩形
一大把蒔蘿（約四分之一磅）
四分之一杯猶太粗鹽
四分之一杯糖
兩大匙白胡椒或黑胡椒豆，搗成粗粒

1. 用鑷子清除魚刺。清洗蒔蘿，將水甩乾。在小碟裡混合鹽、糖與胡椒。魚肉橫切成兩塊，魚皮朝下，並排放置。將調味料均勻撒上，輕輕揉擦。
2. 把蒔蘿撒在一塊魚肉上，再疊上另一塊魚肉，魚皮朝上。就像個三明治。
3. 用兩層保鮮膜包起來，放進淺烤盤，壓上五到十磅的重物。罐頭或精裝書都很合用（我用塑膠包覆的鉛塊，但並不容易找到）。
4. 冷藏三天，十二小時翻面一次。拆掉保鮮膜，用刀把魚肉清乾淨，蒔蘿丟棄。上桌前，對角線切成薄片，剝掉魚皮。

十到十二人份。

甜芥末醬
四分之一杯褐色辣芥末、一茶匙乾芥末、三大匙糖、兩大匙紅酒醋，混合均勻。三分之一杯植物油慢慢加入，攪拌至稀薄稠度。拌入三大匙剁細蒔蘿，冷藏兩小時。

鹽水為什麼可以讓肉類柔嫩多汁？

現在好像很流行鹽水料理，
知名大廚和美食家就像發現了新大陸一樣。
鹽水處理究竟有什麼作用？

把畜肉、魚肉或者禽肉泡在鹽水溶液裡的鹽水料理毫不新奇。在航海史上的某個時刻，想必是有人發現——或許是出於意外？——浸泡過海水的肉類，烹飪之後比較多汁而且更美味。鹽水怎麼發揮作用？除了讓食物變成⋯⋯又濕又鹹之外，浸鹽水有什麼效果？增加柔嫩與多汁的說法是真的嗎？

首先，讓我們把用語弄清楚。鹽水浸泡（brining）這個字被誤用在從給烤肉抹鹽，到把肉浸在混合了鹽、糖、胡椒、醋、葡萄酒、蘋果汁、油、辛香料，還有水溶液裡的每一種事情上。但把鹽擦在肉上面，不算是泡鹽水，而是目的完全不同的揉擦。有些人稱呼將肉類浸泡在包括許多原料的混合液裡是泡鹽水，那其實是滷醃（marinating），也是不同的一回事。

典型的肉類（肌肉）細胞是長圓柱體的蛋白質纖維與含有溶解物質的液體，全都裝在容許水分子透過的薄膜裡面。如果這樣的細胞浸在每立方英尺含有的自由水分子比細胞內部多的鹽水裡面，大自然會試圖迫使水分子從含量較多的地方——鹽水——穿過薄膜，移動到含量比較少的地方——細胞裡面。水從相對含水比較多的溶液移動到相對含水比較少的溶液裡的過程叫作「滲透」，迫使水分子穿透薄膜的壓力叫作「滲透壓」。在這個例子裡，結果是水分從鹽水移轉到細胞裡，造成更多汁的肉。

這時候，鹽會怎樣？細胞裡面含有非常少量溶解的鹽（行話：非常少的鈉離子與氯離子），但是鹽水裡有大量的鹽，通常

每加侖有一杯到六杯之多。再一次，大自然試圖使事物平衡，這一回是藉著擴散作用：細胞外面大量的鹽，有一些透過細胞膜擴散或遷移到細胞裡面。鹽在細胞裡面藉著一種我們還不了解的機制，增加蛋白質保有水分的能力。結果就是有調味、多汁的肉。附帶的好處是，因為保有更多水分的蛋白質結構會膨脹而且更柔軟，所以肉也會更嫩。

因此，最有效的鹽水浸泡是烹飪時會變乾，相對而言比較沒有味道的瘦肉，例如火雞白肉與沒脂肪的豬腰肉。但是，我的朋友們，那就是科學退場，藝術上場之處，幾種不同的肉類有幾十種不同的浸鹽與烹飪方法。沒有概括式的答案說，某種肉應該在多濃的鹽水裡泡多久，使用某種方式在某個溫度下烹煮多長時間。一切取決於試誤，所以你對於食譜開發者的信心是決定性因素。如果發現一份浸鹽食譜帶給你柔嫩多汁而不太鹹的結果，那就珍視這份食譜，不要問問題。

趁著我們對鹽很有興趣的時候，讓我們談一談鹽從食物「吸走水分」的能力，人類長久以來使用岩鹽覆蓋肉類與魚類，讓它們乾燥而且防腐。那是不是與我剛才說的鹽水增加肉類裡面的水分相反呢？一點也不（且看我怎麼掙脫這個困境）。

鹽水與乾燥的鹽對於食物的影響不同。滲透發生作用是因為細胞膜兩側可用的水量不同。泡鹽水時，細胞外面可用的水比細胞裡面多，所以滲透迫使某些水進到裡面。但是用乾燥的鹽覆蓋高含水量的食物（那幾乎包括所有的食物），一部分的鹽被表面濕氣溶解，形成一層濃度極高，含水比例極低——比細胞裡面低——的鹽溶液。因此細胞裡面可用的水分子比外面多，於是水分被吸走了。

鮑伯鹽水雞
Bob's Mahogany Game Hens

這份食譜讓烤雞帶有亞洲風味。把整隻雞放進預計浸泡的容器中,加水完全淹沒;把雞取出來,測量需要多少浸泡鹽水。鹽水的濃度是,每四夸脫水用一杯莫頓牌猶太鹽或一杯半鑽石結晶牌猶太鹽。

■材料

兩隻肉雞

四夸脫水

一杯莫頓牌猶太鹽

一杯紅糖

三分之一杯醬油,最好是龜甲萬醬油

兩大匙花生油

四個蒜瓣,壓碎

三片生薑,切碎

1. 將肉雞清洗乾淨。水倒進大碗裡,加入鹽和糖,攪拌均勻。雞胸朝下,放進大碗裡。加蓋,讓雞完全浸入。放在陰涼處或冰箱裡一小時。將雞取出,沖洗擦乾,放在冰箱裡備用。

2. 烤箱預熱到華氏四百度(攝氏二百零四度)。用細繩把雞腿綁在一起,維持固定形狀。

3. 醬油、花生油、大蒜與生薑末攪拌均勻,塗刷在雞的表面。雞胸朝下,放入烤箱。

4. 烤三十分鐘。十分鐘或二十分鐘之後,再刷一次醬料(充分攪拌,讓蒜薑碎屑刷到雞皮上)。烤盤裡的汁液若開始冒煙,加半杯水到烤盤裡。翻面,雞胸朝上,再烤三十分鐘到四十分鐘,每十分鐘刷一次醬汁。雞會柔嫩多汁,通體紅褐。

豐盛的兩人份。

鹽燒漢堡
Salt-Seared Burgers

在木炭烤架上燒烤漢堡，會流失很多汁液。在平底鍋裡煎漢堡，液體蒸發後會在鍋底留下美味的「褐色殘渣」；加入葡萄酒或其他液體，就可以做成美妙醬汁。但是我們在煎沒有調味的漢堡時，那些褐色殘渣全都不見了。解決之道：在鍋底薄薄地灑上一層鹽，再煎漢堡。鹽會吸出汁液，而且迅速凝結；在漢堡表面形成褐色外皮，可以避免沾鍋，留下美味殘渣。這種做法能做出外脆內鹹的可口漢堡。

■材料
四分之三磅到一磅的牛絞肉
半茶匙到四分之三茶匙的猶太鹽

1. 輕拍絞肉，做成兩個肉餅。不要壓得太緊，不會散開就行。
2. 猶太鹽均勻撒在八英寸鑄鐵鍋底，約略可以鋪滿。中火加熱五分鐘。
3. 將漢堡放在鹽上面，加熱三分鐘，翻面加熱三分鐘，到三分熟，或者你喜歡的熟度。

可以做兩個漢堡。

食譜常說把材料浸泡隔夜，「隔夜」是指隔多久？

食譜總是說要醃一個晚上、浸泡一夜等等。

「隔夜」是隔多久？

我也深有同感。為什麼要隔夜？

難道要我們相信陽光會干擾滷醃過程？如果下午兩點是製作的關鍵時刻怎麼辦？「隔夜」從什麼時候起算？如果我們真的讓它隔夜，是不是要在雞鳴初起時，起床繼續烹飪？如果早上要上班呢？看在老天爺的份上，已經在進行的事情，該如何停止？

一般而言，「隔夜」是指晚上八點到次日早上十點，即使到十二點也無所謂。但嚴謹的食譜應該讓我們自己控制進度，告訴我們要浸泡幾個小時。

謝謝，我們已經大到可以自己決定幾點鐘就寢。

燉雞湯時浮出的白色渣滓，應該拿掉嗎？

燉雞湯時，水剛開始沸騰不久，雞的周圍就出現白色渣滓。
我可以撇掉大部分，但其餘的很快就消失了。
那是什麼？我應該把它們拿掉嗎？

那些是跟脂肪黏在一起的凝固的蛋白質。雖然不會傷害你，但它的味道不好，而且為了美觀，也應該撇掉它。

蛋白質遇熱就會凝固。那就是說，長條彎曲的分子會伸直，然後以新的方式集合在一起。這裡發生的事情就是有一些雞肉蛋白質溶解在水裡，當溫度升高時，蛋白質開始凝固。

同時，雞的脂肪有一部分溶解在水裡，因為脂肪的密度比水低，自然會浮到水面上。只要蛋白質與脂肪相遇，脂肪就會包覆已經凝固的蛋白質，就像救生圈一樣，保持蛋白質漂浮，形成油膩的渣子。全都是可以吃的東西，但是很難看。

隨著溫度升高到微沸，油會變得稀薄而流散，剩下蛋白質繼續集結。最後，如果先前沒有撇掉那些渣子，燉好的雞湯就可以看到褐色小顆粒。渣子沒有消失，它們集中形成褐色小塊，很多會黏在鍋邊的水線上，形成好像是（請原諒我的比喻）浴缸上的污漬。盡早勤快地撇掉渣子，你的報償是一鍋清爽美觀的雞湯。

知 識 補 給 站

常用來撇掉湯渣的溝槽鍋匙並不是最好的工具，它的洞太大，會漏失很多湯渣。最適用的工具（真令人驚奇！）叫作油切濾網勺，有扁圓型的紗窗狀網格。廚具店裡可以買到。

烤盤裡的汁液是殘渣，還是佳餚？

烤雞烤好之後，烤盤裡有很多黏稠的汁液。
我可以利用它們嗎？

不能。如果要問這個問題，你就配不上享用它們。把脂肪倒掉，刮起黏乎乎的東西，放在罐子裡，用隔夜快遞寄給我。

說認真的，這東西包含極美味的汁液和膠質，餵給你的洗碗機吃，簡直就是犯罪行為。我時常想，如果我是一國之君，我會命令廚子烤一百隻雞，把雞肉扔給農民去吃，然後把所有滴汁放在大銀盤裡，搭配法國麵包吃。

如果沒有搭配法國麵包吃掉，我很快就會擁有一桶歷來最為美味的肉汁，因為那些美妙的脂肪、雞汁、膠質和烤焦碎屑都是美味的基礎。

為什麼肉汁常常結塊，或者太油膩？

為什麼我做的肉汁不是結塊，就是太過油膩？

肉汁不見得必定會結塊，或是太過油膩。我們知道有些人會做出又結塊、又油膩的肉汁，不是嗎？結塊與油膩都基於相同的原因：油與水不能混合。

在肉汁裡，你既需要水也需要油，但必須先誘使它們混合。

首先，我們要弄清楚某些用語。油、脂肪與油脂是相同的東西。這種東西固態的時候叫作脂肪，液態的時候叫作油。凡是固態脂肪都可以熔解成液態，凡是液態的油都可以冷卻凝固。通常在動物體內可以找到天然形式的固態脂肪，植物種子裡面則是液態的油。因為兩者扮演相同的角色，所以專業人士把兩者都叫作脂肪。

油脂的構成是介於固態脂肪與液態油之間。這個詞有一種令人不愉快的意涵（骯髒的餐廳叫作「油膩的湯匙」），除非是在最悲慘的情況下，你不會想在餐桌上聽見這個字。在後面的敘述裡，我會依照需要使用脂肪、油與油脂來表達我的意思。或者坦白說，我會用我想用的那個詞。

稍微多談一些名稱的事：起初，肉汁（gravy）是指烤肉時滴下來的汁。如果烤肉與那種沒有經過加工的液體一起上桌，就叫作au jus（讀音o-ZHOO），那就是法語「連汁」（with juice）的意思（印了with au jus的菜單是洋涇濱法語）。不幸的是，大部分餐廳的jus都是商業用，含有鹽、調味料與色素的粉狀產品，經過熱水沖泡而成。

如果你把別的原料加進烤肉滴汁，在烤盤裡一起烹調，那才是製作肉汁。那麼，什麼是醬汁（sauce）呢？醬汁通常是使用

同樣的烤肉滴汁，加上許多香料、調味料與其他原料另行製作。

我們來談最常見的一種肉汁：使用烤肉滴汁製成的烤盤肉汁。沒人喜歡稀薄的肉汁，必須加料使它濃稠。這就是需要麵粉的原因。麵粉含有澱粉與蛋白質，不含蛋白質的玉米澱粉或葛粉就完全不是那麼一回事，所以在以下的食譜裡不要試圖用它們取代麵粉。

火雞烤好之後，把火雞從烤爐拿出來，檢視烤盤裡面狀似恐怖的東西。你會注意到有兩種液體：一是溶化的火雞脂肪構成的油狀液體，另外是火雞與蔬菜滴出來的汁，及之前添加的水等等構成的水狀液體。兩種液體各有獨特風味，訣竅在於如何混合不相容的液體，製成肉汁。那就是說，某些味道可以溶解在脂肪中，另外還有某些味道可以溶解在水中。你的目標是把以脂肪為基礎的味道與以水為基礎的味道混合成順滑均勻的液體。

重點在於，該如何處理麵粉：麵粉不只是稠化劑，它也可以混合油和水。麵粉這種細緻粉末含有某些蛋白質（麥殼蛋白與麥膠蛋白），在吸水的時候共同形成黏性物質麥麩蛋白。如果你只是把麵粉倒進烤盤裡攪拌，蛋白質與水會聚在一起，形成黏黏的團塊。因為團塊是以水為基礎的，所以油無法滲透進去。你最後會得到在一灘油裡打滾的許多塊狀物。這在某些家庭裡可能是標準常態，但是大部分烹飪專家同意，肉汁不應該是感恩節晚餐裡最有嚼勁的東西。

怎麼辦呢？就像數一、二、三（再加二）那麼簡單：(1)使用出口在下方的肉汁分離器巧妙分離水狀液體與油狀液體（如果你一定要問的話，脂肪是在上層）。(2)把麵粉混合進一部分脂肪裡。這種混合物叫作脂肪麵糊。(3)稍微加熱脂肪麵糊，使它成為褐色，並且消除生麵粉的味道。(4)然後再把水狀液體攪拌進去。麵粉、油與水會順利混合，似乎它們從來也不是死對頭一般。(5)最後，用文火把混合液煮到微沸，使麵粉分解，釋出黏稠的澱粉。

　　以下就是其中的道理。首先混合麵粉與脂肪，可以保證每一個細微的麵粉顆粒都被油覆蓋，所以水分不能進去和麵粉的蛋白質黏在一起。然後，你把水狀液體攪拌進去的時候，麵粉顆粒相互遠離，而外表仍然覆蓋脂肪。

　　這正是你所希望的情況：脂肪與麵粉均勻散布在水性液體中，形成順滑均質的混合物。簡言之，利用麵粉載著油在水裡移動，使油與水互相打起交道。而文火煮沸混合液讓麵粉在各處均勻發揮稠化作用。不會有濃淡不均的現象，也沒有塊狀物。

　　但是如果你的脂肪麵糊使用太多脂肪，脂肪就不會全部被麵粉吸附，過剩的脂肪賴著不走，形成油脂小灘，就毀了你的大廚名聲。另一方面，如果你使用太多麵粉，脂肪就不足以覆蓋所有麵粉，一碰到水性液體就變成漿糊般的塊狀。

　　所以最重要的是，保持麵粉與脂肪的適當分量。麵粉、脂肪以及水性液體的比例？看你喜歡的黏稠度，每份麵粉與每份脂肪需要八份水性液體或高湯。你做的肉汁將會膾炙人口。

用來清除家禽腹腔的「內臟刷」

知　識　補　給　站

你知道如何清潔全雞嗎？雞腹是不是難以清潔？我用刷毛堅硬的塑膠刷當作「內臟刷」。它可以在雞的腹腔裡旋轉，清除雜質。使用後，我會用熱水沖洗刷子，放進洗碗機裡。

老　饕　廚　房

百分百肉汁
Perfect Chicken Gravy Every Time

製作肉汁時要記住三件重要的事：(1)混合相等分量的脂肪與麵粉，然後加熱。(2)拌入恰當分量的湯汁，得到期望的黏稠度。(3)文火微沸肉汁七分鐘。肉汁的標準比例是一份脂肪、一份麵粉、八或十二份液體。牛肉肉汁也是相同比例。

製作方法：從烤箱取出烤雞，放在一旁。烤盤裡面應該會有一堆脂肪、湯汁，烤成褐色的蔬菜。肉汁精華就是來自這些滴汁，還有用雞雜煮的湯汁。你可以直接在烤盤裡製作肉汁，但缺點是無法測量脂肪分量，這就會造成黏稠度偏差。此外，在瓦斯爐上加熱烤盤並不方便，清理也很麻煩。最好的做法是，將烤盤滴汁倒進量杯，油水分離後會讓脂肪浮在上層而且易於測量。

基本雞汁
Basic Chicken Gravy

■材料
肉雞
切塊洋蔥、芹菜、胡蘿蔔各半杯
四分之一杯烤盤油脂
四分之一杯中筋麵粉
烤盤滴汁
兩杯雞湯
鹽與現磨胡椒

1. 將肉雞清理乾淨，放進烤箱之前，先把洋蔥、芹菜、胡蘿蔔倒入烤盤。
2. 依照食譜烤雞，這段期間可以煮雞雜湯。烤雞完成後，置入大盤備用。
3. 將烤盤裡的汁液倒入玻璃量杯，量取四分之一杯脂肪倒回烤盤。量取並且保留褐色滴汁。
4. 取出蔬菜，刮掉盤底的黏著物。將麵粉放進烤盤，用木匙將脂肪與麵粉攪拌均勻。
5. 用小火煮兩分鐘，去除生麵粉的味道。緩緩加入褐色滴汁，以及雞湯。
6. 文火加熱五分鐘，直到肉汁濃稠順滑。鹽與胡椒調味。

大約可以製作兩杯。

為什麼白色的肉比紅色的肉更快煮熟？

為什麼白色的魚肉比其他肉類更容易煮熟？
是顏色的關係嗎？

　　就像葡萄酒一樣，肉類有白色也有紅色。牛肉是紅肉，魚貝類通常是白肉。鮭魚是紅肉——也可以說是玫瑰色——因為鮭魚會吃粉紅外殼的甲殼類。如果你想知道的話，火鶴因為類似原因而呈現粉紅色。

　　在廚房裡面，我們很快就會曉得白色的魚肉遠比紅肉更快煮熟。其中原因當然不只因為顏色，魚肉的天然結構與大部分的飛禽走獸都不同。

　　首先，在水中巡游實在不算是鍛鍊肌肉的運動，至少和疾馳通過原野，或在空氣裡高速飛行相比是如此。因此，魚類的肌肉不如其他動物肌肉那麼結實。例如：鮪魚這種比較活躍的魚類擁有比較多的紅色肌肉，含有較多的肌紅蛋白（參見第132頁），所以肉的顏色比較深。

　　更重要的是，魚類肌肉組織基本上與大部分的陸地動物不同。為了高速遠離敵人，魚類需要迅捷、多次短促的高爆發力，而不是陸地動物奔跑所需要的長距離耐力——或者說是某些動物在被人類馴養之前需要的那種耐力。

　　肌肉通常是由纖維構成，魚類肌肉絕大多數是快速收縮纖維。那種纖維比大部分陸地動物的慢速收縮肌肉纖維更短更薄，因此比較容易被咀嚼撕開，也比較容易被烹飪的熱力化學分解。所以我們可以吃生魚片，但生牛肉卻必須剁成韃靼式生牛肉末，人類的臼齒才能夠對付它。

　　魚肉比其他動物的肉更嫩的另一個重大原因是，魚生活在基

本上無重力的環境裡，所以牠們不需要結締組織——其他動物用來支撐身體各部分對抗重力，附著在骨架上所需要的軟骨、肌腱、韌帶等。所以魚類大部分都是肌肉，很少有軟骨類或很難咀嚼的東西，骨骼則只比簡單的脊椎多一點點。魚類相對缺少結締組織，這意味著相對缺少遇熱會變成可口多汁的骨膠膠質。那是魚類烹煮之後比其他許多肉類乾燥的原因之一。另一個原因是，冷血動物不需要很多可以造成多汁感的保溫脂肪。

因為那些緣故，烹飪魚肉主要的問題是避免過度加熱。魚肉應該加熱到蛋白質失去半透明性，開始呈不透明；就像蛋白裡面的蛋白質一樣。如果魚肉加熱太久，肌肉纖維收縮會使得魚肉變短變硬；同時，因為失去太多水分，組織變得乾燥——魚肉變得又乾又硬。簡單的規則是：魚的每英寸厚度要加熱八到十分鐘。

老 饕 廚 房

鋁箔包魚
Fish in a Package

魚肉很容易熟，甚至可以用蒸的，這個方法也可以避免魚肉變乾。人們過去用羊皮紙包魚，放在烤箱裡加熱。現在，我們可以使用鋁箔。幾乎各種去骨魚排都適用，可以輕鬆烹調出完美魚肉。蒸魚的汁液則混合著蔬菜與調味料的風味。

■材料
兩張十五英寸長的鋁箔
兩茶匙橄欖油
兩塊魚排
鹽與胡椒
兩根青蔥，切段

兩枝荷蘭芹
兩小片洋蔥
八顆成熟的小番茄
兩大匙無甜味白酒或檸檬汁
兩茶匙酸豆，可以不用

1. 烤箱預熱到華氏四百二十五度（攝氏二百一十八度）。魚排洗淨擦乾。橄欖油倒在鋁箔上。
2. 放入魚排，兩面都要沾滿油。用鹽與胡椒調味，加上青蔥段與荷蘭芹，再放洋蔥片。加入小番茄、白酒；酸豆加不加都可以。
3. 將包著魚肉與蔬菜的鋁箔折疊起來，成為密封的包裹。放在烤盤上烤十到十二分鐘。
4. 從烤箱取出。放在盤裡，用剪刀剪開，讓魚肉、蔬菜與汁液滑進盤內。

兩人份。

魚一定有腥味嗎？

完全新鮮的魚其實幾乎沒有氣味。
那麼那些腥味是從哪裡來的？

一點也不。

人們忍受有腥味的魚，或許是認為魚還能有別的氣味嗎？雖然似乎非常奇怪，但魚不見得一定要聞起來有腥味。

剛從水裡撈出來幾個小時，完全新鮮的魚類與貝類幾乎沒有氣味。或許有一點新鮮的「大海氣息」，但是毫無腥味。海產開始腐敗後，才會出現那種魚腥味。而且魚肉比其他肉類更快開始分解。

魚肉——魚的肌肉——是由與牛肉或雞肉不同的蛋白質構成的。魚肉不只更容易加熱變熟，而且能更迅速地被酵素與細菌分解；換句話說，魚肉腐壞得更快。那種腥味就是來自分解的產物，主要是胺、硫的化合物，以及蛋白質裡面的胺基酸分解放出的化學物碳氫基胺。

在魚肉還沒有變成不可食用之前很久，那些化學物的氣味就相當明顯，所以輕微的魚腥味表示你的鼻子很靈敏，而且魚肉不盡然新鮮，但是不見得就已經腐壞了。胺與碳氫基酸可以被酸抵消（行話：中和），所以魚上桌的時候通常附帶檸檬片。如果你的干貝聞起來有點腥，趕快在下鍋之前用檸檬汁或者醋清洗。

魚肉迅速腐壞還有一個原因。大部分魚類都有吞噬其他魚類的不友善惡習，因此魚類具有消化魚肉的酵素。如果魚類被撈捕之後，因為處理不慎而讓那些酵素從內臟跑出來，酵素就會迅速開始消化魚肉。所以撈捕魚類之後，必須盡快去除內臟。

因為天生適應在低溫的海水與溪水中活動，魚身體內部與表面的分解細菌比陸地動物的分解細菌更有效率。為了阻止那些細

菌做壞事，我們必須比冷藏溫血動物的肉更迅速、而且用更低溫冷藏魚肉。所以溫度永不高於華氏三十二度（攝氏零度）的冰是漁人最好的朋友。家用冰箱冷藏室的溫度大約是華氏四十度（攝氏四度）。

　　魚肉比陸地動物的肉更快分解的第三個原因是，魚肉含有更多的不飽和脂肪。不飽和脂肪會比像牛肉之類的飽和脂肪更快變酸發臭（氧化）。脂肪氧化變成氣味難聞的脂肪酸，更加強了魚腥味。

鱈魚會騙人？

> 我前幾天買了人造蟹肉條，還真的不錯吃。
> 標籤上說是用魚漿做的，那是什麼？

　　魚漿就是絞碎之後製造成蟹肉或蝦肉形狀的魚肉。日本人開發這種食物是為了利用魚肉殘渣或品種比較不受歡迎的魚肉；它在美國已經站穩腳跟，成為真正蝦蟹的廉價替代品。

　　通常來自鱈魚的殘渣經過絞碎，徹底清洗以去除脂肪、顏色與味道，漂洗，瀝乾，部分乾燥以降低水分含量到大約百分之八十二，然後冷凍起來。那就是魚漿。

　　為了製造特定產品，魚漿可以切成細條，加入蛋白、澱粉與少許的油，讓它的質感類似蟹肉、蝦肉或龍蝦。將混合物擠出薄片狀，短暫加熱固定。將薄片捲摺起來，或用模子製成各種形狀，加以調味著色，以模仿實物，然後冷凍，運到市場販賣。

魚子醬專用小匙為什麼那麼貴？

昂貴的魚子醬專用小匙，售價從十二美元至五十美元不等，有什麼特殊原因嗎？

我們可以想像幾個理由：（1）商人認為吃魚子醬的人愛隨便買東西；（2）魚子醬值得如此對待；（3）最不浪漫的一項——有化學上的理由。

魚子醬就是鱘魚卵。鱘魚是巨大的、恐龍時期的、具有硬塊甲板而非魚鱗的魚，主要棲息在裏海與黑海；不過，現在有越來越多的美國製優良魚子醬，採用養殖鱘魚和其他魚類製成。裏海海岸以前是由伊朗和蘇聯獨享，現在則是由伊朗、俄羅斯、哈薩克、土庫曼，還有亞塞拜然共同分享。

裏海的三種鱘魚之中，體型最大的是Beluga（可達一千七百磅重），魚卵也最大，顏色從淡灰、深灰到黑色都有。第二大的是Osetra，可以長到五百磅重，魚卵是灰色、灰綠色或褐色。最小的是具有小粒、綠黑色魚卵的Sevruga（可達兩百五十磅重）。

魚子醬含有百分之八至二十五的脂肪（還有大量的膽固醇），易於腐敗，必須用鹽保存。最高品質的魚子醬含鹽量不到百分之五，叫作malassol，那是俄文，意指少量的鹽。

問題就出在這裡。鹽具有腐蝕性，會和銀製或鋼製食器反應，產生微量的金屬味道的化合物。人們因此使用惰性金屬製造的小匙來吃魚子醬，常用的是不受鹽腐蝕的黃金，但最年高德劭的材料是珍珠母，也就是構成軟體動物外殼內層，以及珍珠的那種堅硬、白色、有光澤的物質。

但在二十一世紀，我們擁有極為廉價、與珍珠母一樣不起反應、不被腐蝕、沒有異味的材料。我們叫它塑膠。幸好，只要向

速食餐廳索取，就可以拿到各式各樣的塑膠湯匙，不過我不需要指出，它們不是要給你吃魚子醬用的。

就算公眾服務吧，我研究了溫蒂、麥當勞、肯德基炸雞的湯匙的魚子醬適用性。老天，這些湯匙全都太大了。最後我發現31冰淇淋的試吃小匙有最理想的尺寸，而且還是美麗的粉紅色（索取免費小匙時，禮貌上應該點一客冰淇淋）。

如果你認為用塑膠小匙吃魚子醬簡直是褻瀆，但又買不起一支六百美元的鍍金魚子醬小匙，不妨試試看所謂的人體湯匙。一手握拳，拇指伸直，撐開虎口的皮膚，放一些魚子醬在上面。就這麼吃，搭配細而高的酒杯裝冰涼的俄羅斯或波蘭伏特加。

祝你健康！

放在冰塊上的食用生蠔還活著嗎？

我們吃的生蠔是活的嗎？

被剝掉一片殼的蚌類和生蠔還有生命嗎？

你在海灘度假，對吧？海產餐廳到處有。其中很多提供生鮮吧，一群群漫不經心的享樂主義者大啖好幾百個被迫從雙片殼狀態變成單片殼的不幸貝殼類。要吃剛剛被解除保護殼不久的生物當然讓人感到不安，而你是如此之善良，實在忍不住擔憂牠們是不是還活著。

為了一勞永逸解答這個問題，讓我做出決定性的發言：剛去掉一片殼的蚌類與生蠔，以某種說法來講，真的有一點算是，多多少少算是活的。如果你是相信植物被修剪時會感到疼痛的那種人，可以略過這個答案的其餘部分。

談到卑微的蚌類，牠埋在泥沙裡過日子，瑟縮在牠的殼裡面，從兩條管子（虹吸管）之一吸水，濾出好吃的東西（浮游生物與藻類），然後從另一條管子噴出廢水。當然，牠偶然進行繁殖（沒錯，蚌類也有性別之分）。牠大概就只做那些事情。

當牠到達餐廳的時候，緊閉著雙殼，抗議被迫離開水裡的恥辱，甚至連那些事情也不做了。牠沒有視覺器官、也沒有聽覺器官，而且無疑不會感到愉快或者痛苦，尤其是被冰塊凍到麻木的時候。你把那種狀態叫作活著？

生物課就講到這裡。現在要談物理：你要怎麼打開那個鬼玩意，而不至於累死自己？

打開蚌殼很簡單?!

我在市場買了活蚌，但花了很久才把牠們打開。
有沒有容易的方法？

　　人類為了打開蚌殼所花的心力大約相當於打開兒童安全藥瓶
一樣多，但是開蚌殼會造成更多傷口。曾經有人慎重地建議，從
鎚子、銼刀與鋸子，到使用微波爐處死刑的每一件事。但是完全
不需要蠻力，而且微波加熱會嚴重破壞蚌肉的美味。

　　如果要輕鬆打開蚌殼，依照牠們的大小而定，放在冷凍櫃裡
二十分鐘至三十分鐘就行了；把牠們凍到很冷但是不要結冰。在
昏迷狀態，牠們無法緊閉蚌殼。然後用有毛巾保護的手握住蚌
殼，把圓頭扁身的開蚌刀——不是尖頭的生蠔刀——插進蚌殼比
較突出的兩端（那就是伸出虹吸管的地方）殼縫凹陷處。把刀伸
進去，抵住其中一片殼的內面，切斷抓住蚌殼的肌肉（行話：閉
殼肌），在接合部扭掉外殼，並且拋棄它。用相同方法使閉殼肌
與剩下的殼分離，把蚌肉留在殼裡。你可以搭配一比一的辣根醬
加辣椒醬，或許再加一些墨西哥辣醬或檸檬汁，一起送進嘴裡。

開蚌刀的扁平刀身可以插入蚌殼縫。生蠔刀比較尖銳，用來撬開接合部。

如果你是被扔進水裡的鹹水蚌……

我在海邊找到幾個活蚌，請餐廳代為料理。
我問大廚是怎麼處理牠們的，「直接打開就行了」，大廚說。
蚌類不需清洗就可以直接食用嗎？

牠們應該經過處理，但其實不需要。那個步驟時常被省略。

來自大海或魚市場的活蚌通常必須吐沙。蚌類從牠們舒適的泥沙床舖被抓走的時候，會收回虹吸管，而且緊閉外殼，可能會順便帶走泥沙或恰巧在附近的其他東西。此外，蚌類具有一條好像蝦的血管似的消化道。雖然它不會傷害你，但可能有沙，而且那不算是頂好吃的東西。最好把它清除掉。

刷洗過蚌殼外表之後，讓你的活蚌享受模擬海水 —— 每加侖水配三分之一杯食鹽 —— 再加大約一茶匙的玉米粉，靜置大約一小時。如果你安靜地觀察（蚌殼會偵測振動而不是聽見聲音），你會看見牠們吃玉米粉並自我清潔。過一段時間，你會感到驚奇：容器底部有那麼多排出的渣滓。但是讓牠們在水裡泡太久也沒用，牠們會耗盡水裡的氧氣，緊閉蚌殼而且停止吐沙。

很多烹飪書要你用自來水讓活蚌吐沙，但是稍微一想就知道那是沒用的，不管加不加玉米粉都一樣。雖然有淡水蚌這種東西，但是我們談的是活在鹹水裡的蚌類。如果你是被扔進淡水裡面的鹹水蚌，你會立即關閉蚌殼，一點縫隙也不敢打開，希望環境能變成鹹一點，比較適合生活。所以在沒加鹽的水裡浸活蚌是沒用的。另一方面，浸在鹹度正確的水裡面可以騙蚌類以為回到家園，於是牠們會伸出虹吸管進食而且吐出渣滓。

有些餐廳省略吐沙的步驟，他們的蚌肉吃起來沙沙的。如果蚌類有煮沸的話，那倒是沒有大礙，但是湯碗底部的沙粒會顯示

廚房偷懶。但是至少你知道湯是用真正活蚌煮的，而不是用罐頭或者冷凍蚌肉。

　　海螂（soft-shell clam）具有頗大的虹吸管，而且無法完全關閉外殼。所以牠們裡面永遠有一點沙。你必須先在熱湯裡涮一涮，然後沾奶油食用。

為何蚌類的殼硬如岩石，螃蟹的殼卻薄如塑膠？

蚌類與牡蠣的殼像岩石一樣硬，蝦與螃蟹的殼則像薄薄的塑膠。
為什麼有這種差別？

　　牠們雖然都「有殼」，但其實是兩類完全不同的動物：甲殼類與軟體類。

　　甲殼類包括螃蟹、龍蝦、蝦與明蝦。牠們的外殼是角質的、有彈性的、相互聯繫的板狀「甲冑」。甲殼類的薄殼大部分是由幾丁質（或稱甲殼素）這種有機物構成的，這種複雜的碳水化合物是從牠們攝取的食物製造出來的。

　　你可不會樂於知道這件事，但是蝦、蟹、龍蝦和昆蟲與蠍子關係密切，後者也是用甲殼素來製造外殼。（如果那讓你感覺很噁心的話，請注意，現在很多生物學家寧願相信甲殼類與昆蟲是分別演化的。你知道，生物學家也喜歡吃海產。）

　　另一方面，軟體動物——蚌、牡蠣、淡菜、干貝，還有其他住在兩片硬殼之間的小動物——使用來自大海的無機礦物構成外殼的大部分，主要是碳酸鈣（這種多才多藝的物質也構成石灰、大理石與蛋殼）。下次你的盤子裡有完整的蚌或淡菜時，請注意與外緣平行的彎曲狀生長線或稜線。那代表軟體動物原有的殼已經不夠大，於是通常在溫暖的季節連續沉積新的外殼材料。

　　甲殼動物與軟體動物不同的兩種外殼意味著牠們必須找出不同的生長策略。軟體動物的生長是在殼的邊緣增加新的材料，就像是放出褲腳縫邊；然而甲殼類製造全新的一套西裝。螃蟹或龍蝦長到外殼裝不下的時候，牠就會脫殼：掙裂外殼，爬出來，製造更大的新殼。如果剛脫殼就被抓到，我們就可以獲得享樂主義者的珍饈佳餚——軟殼螃蟹或龍蝦大餐。「軟殼」就是剛開始構

築的新殼。

　　大西洋藍蟹需要二十四到七十二小時完成新殼構築工作——讓人類這種口水直流的掠食者有足夠時間捕捉牠們——這並不容易，牠們失去甲冑之後躲在水草裡，必須把牠們耙出來。如果我們夠幸運，就可以趁牠們即將脫殼之前，在開闊地帶抓到牠們。有經驗的漁夫一眼就可以看出來快要脫殼的螃蟹，如果找到這種「脫殼者」，就會放在特殊的水槽等牠們完成脫殼。

　　然後我們拿牠們怎麼辦？當然是盡快烹煮牠們，整個吃掉。如果能吃沒殼的螃蟹，何必費時間把蟹肉挑出來？我們需要做的只是三個清理步驟，趁螃蟹活的時候做效果最好。如果覺得噁心，就找魚販替你動手。以下就是必須做的事：（1）撕掉而且拋棄下腹外殼（後文說明）；（2）切掉並且拋棄兩個大螯之間的眼睛與嘴巴部分；（3）掀起長條胸殼，找出並且拋棄羽毛狀的鰓——想像力豐富的民俗學家喜歡稱呼那些鰓是「魔鬼的手指」。這個稱呼是因為鰓能夠很有效地過濾水中可能存在的有毒雜質，所以吃它們是挺危險的。此外，它們的味道不太好。螃蟹裡面「那一堆黃黃綠綠的東西」又如何呢？別問。儘管吃。非常美味。

　　雄性藍蟹通常比雌蟹大，大部分蒸熟了剔肉吃；雌蟹比較常用在製造罐頭。如何區別雄蟹與雌蟹？檢視螃蟹腹部，你會看見一道「圍裙」，那就是蓋住大部分下腹的一層殼。如果圍裙形狀就像美國首都華盛頓的國會圓頂（不蓋你！），那就是成年雌蟹。如果圍裙形狀像巴黎的艾菲爾鐵塔，那就是雄蟹。如果是未成年雌蟹，圍裙看起來像國會圓頂上面有小型艾菲爾鐵塔。在成年之前最後一次的脫殼，雌蟹會拋棄鐵塔的部分。

　　噢，你有沒有納悶過那些黯淡黑綠色的龍蝦殼煮了之後，為什麼變成紅色？紅色的化學物蝦青素存在於未烹煮的殼裡，但是你看不見，它與某些蛋白質綁在一起（行話：複合），形成藍色與黃色化合物，共同呈現出綠色。遇熱之後，蝦青素—蛋白質複合物分解，從而釋出自由的蝦青素。

  老　饕　廚　房

白酒淡菜
Mussels in White Wine

淡菜是大自然送給我們的海中速食。牠們裝飾著同心圓生長線的黑檀木外殼非常美觀，幾乎瞬間就可以煮熟（殼打開就是熟了），而且脂肪含量低、蛋白質含量高。吃起來的口感像肉，具有海洋風味，微鹹帶甜。很多魚市場與超市可以買到人工養殖淡菜。烹飪前只需要稍事刷洗，大部分深色堅硬的鬍鬚都已經清除，輕輕一拔就可以除掉外殼之間剩下來的突出物。不妨使用相同的葡萄酒飲用與烹飪。

■材料
兩磅淡菜
一杯無甜味白酒
四分之一杯紅蔥頭，切末
兩個蒜瓣，切末
半杯切碎的荷蘭芹
兩大匙有鹽奶油

1. 清洗淡菜，拔掉從接合部伸出的鬍鬚。
2. 將白酒、紅蔥頭、大蒜與荷蘭芹倒進大而深的鍋子。白酒煮到沸騰，以文火加熱約三分鐘。開大火，加入淡菜；蓋緊鍋蓋，搖晃鍋子讓淡菜開殼。加熱四到八分鐘。
3. 撈出淡菜，分裝至兩個大碗。將奶油加入鍋中，形成稍微乳化的汁液。倒在淡菜上，立即上桌。搭配法國麵包與冰過的白酒。

兩人份。

黃金軟殼蟹
Sautéed Soft-Shell Crabs

你需要新鮮活蟹與奶油。每人份大約兩隻大螃蟹或三隻小螃蟹。如果魚販沒有清理螃蟹，那就撕掉並且拋棄下腹外殼，切掉並且拋棄大螯之間的眼睛與嘴巴部分，掀起長條胸殼，找出並且拋棄羽毛狀的鰓。

中火加熱炒鍋，放一兩塊無鹽奶油，起泡滋滋響時放螃蟹進鍋。鍋裡不要太擠。

煎兩分鐘使蟹殼呈金黃色澤，用鹽與胡椒調味。翻面，調味，再煎大約兩分鐘，使顏色美觀，蟹殼酥脆。立刻上桌。

蒸龍蝦好吃，還是煮龍蝦好吃呢？

有人說龍蝦最好煮來吃，有人說最好蒸熟吃。
我該聽誰的？

為了得到權威答案，我去緬因州訪談幾位傑出的大廚與龍蝦專家。我發現兩個明顯不同的陣營：堅持主張用蒸的人和熱烈擁護用煮的人。

一位知名法國餐廳大廚頑強地宣稱：「我用煮的。」他的龍蝦一頭栽進混合了白酒以及許多去皮大蒜的沸水裡。

另一位頗有來頭的餐廳大廚說：「那會失去太多原味。你可以看到龍蝦原汁漏出來，使湯變成綠色。我們是在魚湯或蔬菜湯上面蒸龍蝦。」

一位飯店大廚起先宣稱忠於「煮會失去原味」的那一派思想，說他在鹽水上面蒸龍蝦。在鍥而不捨地追問之後，他說：「就味道而言，煮和蒸都很好。爭論這回事是過分挑剔。」

一位撈捕、銷售，而且烹飪龍蝦已經四十年，備受尊敬的龍蝦養殖場主人也有同感。他說：「我以前大約蒸龍蝦二十分鐘。有的顧客堅持必須用鹽水蒸龍蝦。人人都有不同看法。我現在用海水煮龍蝦大約十五分鐘。」他的信念是，顧客永遠是對的；他拒絕傾向任何一邊，也拒絕推薦哪一種方法比較好。

我的結論是什麼？蒸也好，煮也好，麻煩費事少不了。雙方平手。

但是人人都同意，似乎是蒸比較費時間。我感到納悶，為什麼？理論上來說，水沸騰的時候，蒸氣的溫度應該與水一樣。但是兩者真的一樣嗎？為了回答這個問題，我前往我的廚房「實驗室」。

　　我在三加侖的龍蝦鍋裡放幾英寸深的水，把水煮到沸騰，鍋蓋必須蓋得非常嚴密；使用精確的實驗室溫度計測量水面上方不同距離的溫度。（如果要我解釋怎麼把溫度計安裝在蓋住的鍋蓋裡面，而且從外面讀取溫度，請寄附回郵地址與郵資的信封，另加十九點九十五美元的支票，以幫助支付我的醫藥費。）

　　結果呢？火力大到足以維持水沸騰的時候，水面上方各距離的溫度都恰好等於水的沸騰溫度：華氏二百一十度（攝氏九十九度）。不，不是華氏兩百一十二度（攝氏一百度）。我的廚房，還有整棟房屋的其他部分都在海拔一千英尺處。水在越高的地方沸騰溫度越低。但是我把火力調到緩慢沸騰的時候，蒸氣溫度就降低了不少。

　　我的解釋是，蒸氣的熱永遠有一部分從鍋壁流失（我用的鍋壁相當薄），水必須足夠快速地沸騰，好利用新的高溫蒸氣補充流失的熱。

　　結論：在嚴密蓋緊的厚重鍋子裡面，用激烈沸騰的水蒸龍蝦，龍蝦就會暴露於和水煮相同的溫度。

　　那麼，為什麼所有的廚子都告訴我，蒸龍蝦用的時間比煮龍蝦更久。例如：賈斯柏・懷特（Jasper White）在他鉅細靡遺的《在家煮龍蝦》（*Lobster at Home*）那本書裡建議，一磅半的龍蝦要煮十一至十二分鐘，或者蒸十四分鐘（這比緬因州大廚說的時間短，但是他們同一鍋煮好幾隻龍蝦，其中道理就是越多的肉需要越多的熱）。

　　我相信答案在於液態水容納的熱（行話：熱容量比較高）比同溫度蒸氣容納的熱多，所以液態水有更多的熱可以給龍蝦。不僅如此，液態水比蒸氣更能夠導熱，所以液態水可以更有效率地傳熱給龍蝦，於是在更短的時間之內煮熟。

　　我固然不是廚師。但是另一方面，廚師也不是科學家。所以我訪談的廚師有可能做出科學上錯誤的陳述。以下是其中幾個錯誤以及錯誤的原因。「蒸的溫度比煮的高。」我的實驗顯示溫度

是相同的。「鹽水的蒸氣溫度比較高。」因為沸點稍稍高一點，所以蒸氣溫度或許也是，但頂多只高百分之幾度。「水裡面有海鹽的蒸氣味道比較好。」鹽不會離開水而進入蒸氣，所以鹽的類別——或者根本沒加鹽——沒有影響。我甚至懷疑水裡的白酒或高湯風味能不能穿透龍蝦殼，進而影響龍蝦肉的味道。龍蝦是裝甲良好的動物。

土生土長的美國東部鄉下人奇普・葛雷告訴我，他在海邊是這樣烹調龍蝦的：首先，去五金店買四至六英尺長的排煙管。在海灘上升起營火。把排煙管的一端用海草塞住，然後扔進兩隻龍蝦和五個海蚌。接下去塞進第二批海草，以及更多的龍蝦和海蚌。繼續交替塞進海草與龍蝦和海蚌，直到龍蝦用完，或者排煙管全滿。最後用海草堵住排煙管，把排煙管一端高一端低地橫放在營火上。在加熱時，持續從較高的一端倒一兩杯海水進管子裡；海水在流到底部的路上會變成蒸氣。二十分鐘之後，把管子裡的東西倒在地上鋪的大桌布上。奇普說：「好吃極了。」

老　饕　廚　房

水煮龍蝦
Boiled Live Lobster

在市場為每個人選一隻活力充沛、拍動尾巴、舉起大螯的龍蝦（你應該從頭部後方抓取龍蝦）。如果龍蝦垂頭喪氣，那就表示不新鮮；算了，改天再來。

將龍蝦放在寬敞容器裡帶回家，讓牠們有空間呼吸，而且保持涼爽。雖然是水生動物，如果保持涼爽潮濕，龍蝦可以在空氣裡生存好幾個小時。

選擇有蓋、能夠浸泡所有龍蝦的深鍋（每一磅半的龍蝦需要三夸脫水，而且鍋子只能裝到四分之三滿）。每加侖水加入三分

之一杯猶太鹽（製作模擬海水），把鹽水煮到沸騰。一次放入一隻龍蝦，讓頭先進入水裡。蓋上鍋蓋，煮到再度沸騰，降低火力保持微沸。一又四分之一磅的龍蝦需要煮大約十一分鐘，一磅大約八分鐘，兩磅大約十五分鐘。不要煮過頭，否則肉會又老又硬。小心取出龍蝦，放在蓋了紙或布的流理臺上。在龍蝦的兩眼之間戳個小洞，倒立放在鍋裡或水槽裡，讓體內過多的水流出，食用龍蝦時就不會水花紛飛。搭配溶化奶油與檸檬片食用。

第六章

當沸點遇上冰點

關於冷熱的16個科學謎題

到廚房環顧所有的「現代便利」：烤麵包機、果汁機、果菜機、磨豆機、攪拌器、咖啡機──全都是你有時候為了特定目的而使用的器材。

現在注意廚房裡僅有的兩件每天不可或缺的裝備：一個製造熱，一個製造冷。和果菜機比較起來，你或許不會認為爐台與電冰箱是很現代化的裝備，但是令人驚奇的是，它們相當晚近才成為人類烹飪與保存食物的利器。

第一座廚房爐台在不到三百七十五年以前註冊專利，它的內部容納燃燒中的燃料（起初是煤），加溫平坦的表面以供烹飪，預兆著一百多萬年以來在開放火焰上方烹飪的結束。冰箱取代冰塊式冷藏箱是本書某些讀者還記得的事。

你從市場攜帶新鮮食物回家，可以把食物放進冰箱，它的低溫可以防止食物腐壞。然後你可以使用爐台的高溫轉變某些食物，成為更可口且更好消化的形式。在烹飪以及進食之後，你可以把剩下的食物冷藏或者冷凍保存。一段時間之後，你可以把它們拿出電冰箱再度加熱。廚房裡面的食物料理似乎涉及不斷使用類似的火與冰進行加熱冷卻。只不過，我們今天使用瓦斯和電力。

冷與熱對我們的食物有什麼影響？我們怎麼控制冷熱以產生最佳結果？我們有可能使用太多熱燒焦食物，但是另一方面，冷凍櫃可能「燙傷」……讓我們進行最基本的烹飪行動，煮水沸騰時究竟發生了什麼？這裡面的道理比你認為的更為複雜。

只吃冷的食物就不會變胖？

　　我知道卡路里是熱量單位，但熱量為什麼會讓我發胖？
如果我只吃冷的食物呢？

　　卡路里的概念遠比只代表熱量更爲寬廣；它是任何形式的能量單位。如果願意的話，我們可以用卡路里計算高速奔馳貨櫃車的能量。

　　沒有能量就不會發生任何事情；如果你喜歡的話，可以稱呼能量是「烏姆夫」（oomph）。能量有很多形式：物體運動（例如大貨櫃車）、化學能（例如炸藥）、核能（例如核反應器）、電能（例如電池）、位能（例如瀑布），還有最常見的形式：熱。

　　你的敵人不是熱，你的敵人是能量——你的身體藉著食物新陳代謝獲得每天生活所需的能量。如果新陳代謝乳酪蛋糕所產生的能量多於從電視走到冰箱所需要的能量，你的身體會用脂肪的形式儲存多餘的能量。因爲脂肪有潛力在燃燒的時候放出許多能量，所以脂肪是高濃度的能量倉庫。但是不要急著下結論。如果廣告許諾「燒掉脂肪」，那只是一種隱喻；高溫火燄可不是減肥的工具。

　　一個卡路里是多少能量，還有爲什麼不同的食物新陳代謝的時候「含有」（也就是產生）不同數目的卡路里？

　　因爲熱是最常見也最耳熟能詳的能量形式，所以卡路里是用熱來定義的——水的溫度升高某種程度所需要的熱。在營養學的用語中，一卡路里的熱量是一公斤的水溫度升高攝氏一度所需要的熱。（化學家與營養學家不同，使用一種小了很多的「卡路里」，只有千分之一的大小。在化學界，營養卡路里叫作「仟卡」。但是我在這本書使用的卡路里代表的意思與食譜、食品標籤和飲食療法所說的一樣。）

　　以下就是一卡路里熱量的意義：一個營養卡路里的能量可以讓一品脫的水溫度升高華氏三點八度。

　　大家都知道不同的食物提供我們不同分量的食物能。最初是在浸沒於水中、充滿氧氣的容器裡實際燃燒食物，並且測量水溫升高了多少，藉以測量食物的熱量（這種器材叫作熱量計）。你可以對一份蘋果派做同樣的事，以便找出它會釋出多少卡路里。

　　但是一塊蘋果派在氧氣中燃燒釋出的能量，是不是等於在人體新陳代謝釋出的能量呢？雖然機制大不相同，令人驚奇的是，能量居然一樣。新陳代謝釋出能量的速率比燃燒慢很多，而且幸好沒有火燄（胃灼熱不算）。

　　無論如何，總體的化學反應是完全相同的──食物加上氧產生能量，以及種種反應產物。化學的基本原理之一是，如果最初物質與最終物質各自相同，無論反應是如何進行的，釋出的能量是相同的。實際上的唯一差別是，食物在體內不會完全消化或者「燃燒」，所以我們從食物得到的能量少於在氧氣中燃燒食物釋出的能量。

　　平均而言，我們從每公克脂肪獲得大約九卡能量，從每公克蛋白質或碳水化合物獲得大約四卡。所以現今的營養學家不必衝進實驗室放火燒掉他們看到的一切食物，他們只需要把食物裡面的脂肪、蛋白質與碳水化合物的公克數分別乘以九，或者乘以四，然後加總就可以了。

　　人體正常的基礎新陳代謝率──呼吸、血液循環、消化食物、修補組織、保持正常體溫、維持肝臟與腎臟等等正常工作所需的最低能量──大約是每公斤體重每小時需要一卡路里。也就是說，一位六十八點二公斤的男子每天需要大約一千六百卡的能量。但是可能依照性別（女性大約少百分之十）、年齡、健康、胖瘦、體型等而頗有差異。在諸多因素中，體重的增加取決於你攝取的食物能量比你的基礎新陳代謝率和運動──舉起刀叉不算──所消耗的能量多出多少。美國國家科學院建議，一般的健康

成年男子每天攝取二千七百卡,女子二千卡——好動的人多一些,懶人少一些。

長期以來,流傳著形形色色的「攝取冷的、缺乏卡路里的食物就不會發胖」的一廂情願理論。不幸的是,它們沒用。我聽到一種說法是:因為必須消耗能量把水溫提升到等於體溫,所以喝冰水會幫助你減重。理論上來說那是對的,但是效果微乎其微。一杯八盎斯冰水加溫到體溫只需要九卡路里,相當於一公克脂肪的能量。如果減重那麼簡單,「脂肪農場」溫泉就應該有冰水游泳池(發抖也會消耗能量)。不幸的是,雖然大部分物質在溫度降低時會收縮,人卻不會。無論如何,那不會持續很久。

減掉一磅肥肉需要減少攝取多少熱量？

一公克脂肪有九卡路里，一磅脂肪超過四千卡路里。但我讀到，想減少一磅脂肪，必須減少攝取三千五百卡熱量。

為什麼？

因為我不是營養學家，所以我請教紐約大學食品營養系的教授兼系主任瑪莉安・奈索（Marion Nestle）。她說：「修正係數（fudge factor，編按：為了讓計算出來的結果與真實世界更為吻合，於是創造出某些變數去解釋、補足其間的差異。這些「修正」計算數據以符合正確答案的變數被稱為修正係數）。」

首先，一公克脂肪所含的能量其實接近九點五卡路里。但是，那會造成更大的差距。事實上，因為不完全的消化、吸收與新陳代謝，我們吃一公克脂肪獲得的能量卡路里遠比九點五卡路里少。那是一個修正係數。

奈索接著指出，「還有一個修正係數是人體脂肪的卡路里數量。重點在於，人體脂肪中大約只有百分之八十五是真正的脂肪。」其他部分是結締組織、血管，還有一些你或許寧願不要知道的東西。

因此，為了減掉一磅現實人生的肥肉，你的底線可以說是，僅僅必須剝奪自己大約三千五百卡的熱量。

還有，千萬別接近奶油軟糖（fudge）。

為什麼在高海拔的地方容易做出扁蛋糕？

我住在海拔很高的地方，沸騰的水要很久才能煮熟東西。
不同海拔需要增加多少烹飪時間？
在這種情形下，煮沸奶瓶可以殺菌嗎？

玻利維亞的拉巴斯市（La Paz）海拔從三千二百四十六公尺至四千零三十九公尺不等。正如你所知道的，在較高海拔，水的沸點溫度比較低。那是因為水分子必須對抗向下的大氣壓力，才能夠脫離液態水而沸騰蒸發到空中。當大氣壓力比較低的時候，例如在海拔比較高的地方，水分子就可以在比較低的溫度沸騰蒸發。

從海平面每上升一千英尺，水的沸點就降低大約華氏一點九度。所以在一萬三千英尺的高度，水的沸點是華氏一百八十七度（攝氏八十六點一度）。一般認為溫度在華氏一百六十五度（攝氏七十三點九度）以上，就足以殺死大部分的細菌，所以殺菌對你應該不是問題。

烹飪時間很難做概括的敘述，原因在於不同食物狀況也不盡相同。我會建議你詢問當地人煮米飯、豆子之類的東西要多久。當然，你也可以帶壓力鍋上飛機，隨意製造你自己的高氣壓。

烘焙是完全不同的一回事。至少，水在高海拔比較容易蒸發，所以麵糰與麵糊必須加更多的水。發粉產生的二氧化碳因為受到比較小的氣壓壓制，會從蛋糕表面冒出來，留下扁扁的蛋糕，所以你必須使用比較少的發粉。這些都不容易處理。我的忠告是，把烘焙的事留給當地師傅吧。

冷水比溫水更快煮沸?!

> 我丈夫說，煮沸溫水比冷水更花時間，
> 因為溫水正處於冷卻過程。
> 那太可笑了；但他大學有修物理課，我卻沒有。

　　他的物理成績幾分？因為你是對的，而他是錯的，所以你的直覺顯然比他的學費更值得。不過我猜得出他在想什麼。我敢打賭那是和動量有關的事情，如果某一個物體正在下墜——假設是溫度方面——那應該要花更多努力與時間使它停止，而且反轉向上升。你必須先抵消它向下的動量。那對實際物體而言很正確，但是溫度不是實際物體。當天氣預報說溫度正在下降，我們不會預期聽見物體墜地的巨響。

　　溫度只是人為方式表達物質裡面的分子平均速率；分子的速率使物質發熱，所以分子運動越快，物質就越熱。我們無法進入物質測量每一個分子的速率，所以我們發明了溫度的觀念。溫度只不過是一個便利的數字。在一鍋溫水裡面，幾千億個水分子四方亂竄的速率比一鍋冷水的分子高。

　　我們對那一鍋水加熱，就是要給分子更多能量，讓它們運動得更快——最後快到足以沸騰蒸發。那麼，溫暖的分子需要的能量明顯比冷的分子需要的少，原因是溫暖的分子已經完成抵達終點——沸點——的一部分路程，所以溫水會先沸騰。你可以告訴他這是我說的。

　　水龍頭流出的熱水不適合用來烹飪是因為其他的原因。比較老的房子裝設的銅水管可能是用含鉛的材料焊接的。熱水可能會溶出微量的鉛，累積就會中毒。所以最好是永遠使用冷水烹飪。沒錯，冷水要花更多的時間煮沸，但是因為你可以活得更長，所以可以撥出時間等水滾。

燒開水時要不要蓋上鍋蓋？

我和妻子對於燒開水時要不要蓋上鍋蓋各持己見。
她認為不加鍋蓋會造成熱的散失。
我認為加蓋會增加壓力，提高沸點。誰說得對？

雖然你說的有點道理，但是你太太贏了。

加熱一鍋水使溫度升高的時候，水面上產生越來越多的水蒸氣。那是因為越來越多的表面分子獲得足夠能量跳進空氣裡。越來越多的水蒸氣帶走越來越多本來可以用來提升水溫的能量。

不僅如此，水越接近沸騰溫度，每一個水蒸氣分子就會帶走越多的能量，所以不失去水分子就越發重要。蓋子越嚴密，留在鍋裡的高溫水分子就越多，因而水能越早沸騰。

你的觀點認為蓋子會像壓力鍋一樣提高鍋裡的氣壓，於是提高沸點，推遲實際的沸騰。那在理論上是對的，但是實際的影響微不足道。十英寸的鍋子上即使緊密地蓋著重達一磅的鍋蓋，內部壓力提高還不到千分之一，那只會提高沸點華氏百分之四度。你靠著目光盯緊鍋子說不定更能延遲沸騰呢。

讓多餘的水分蒸發，就像消除過多脂肪一樣難？

> 我想藉著沸騰來蒸發高湯的量。但似乎沒辦法！
> 為什麼如此困難？

　　蒸發水分聽起來好像是全世界最簡單的事。是啊，只要擺一灘水在那裡，它自己就會蒸發掉。但是因為必需的卡路里不會從陰涼的室內空氣迅速流進水裡，所以那需要一段時間。就算是在爐子上，你藉著高溫爐火供應許多卡路里給大湯鍋，或許還是得花一小時或更長時間，來達成食譜上十分簡單的指示「（讓湯汁）蒸發掉一半」。

　　蒸發掉過多的水分可能和消除過多的脂肪一樣困難，兩者都比你預期的更難消除。即使蒸發少量的水，也需要令人驚奇之多的熱能。

　　以下就是原因。水分子互相聯繫力很強。因此需要作很多的功，也就是耗用很多的能量，才能夠使水分子離開液態群體，成為蒸氣飛進空中。例如，煮沸蒸發一品脫的水，也就是把已經沸騰的液態水轉變成為蒸氣，你的爐子必須供應兩百五十卡的熱能給液態水。那是體重一百二十五磅的女人連續不停爬樓梯十八分鐘使用的能量。這只是沸騰蒸發一品脫的水而已。

　　你當然可以調高火力，更迅速地供應熱能。液體的溫度永遠不會升到沸點以上，但是氣泡翻騰會更激烈，更多的氣泡會帶走更多的蒸氣。除非你已經過濾高湯，除去脂肪，否則那樣對待高湯是不智的。與溫和微沸不同的激烈沸騰會把固體分解成小塊，把脂肪分解成微小懸浮的球體，兩者都會使湯更加混濁。比較好的方法是把湯汁轉移到更大更淺的鍋子。液體的表面積越大，暴露於空氣的部分越多，就能蒸發得越快。

蠟燭可以用來烹飪嗎？

我正在物色新的爐台，所有說明書都談到 Btu。
我知道那和爐子有多熱有關，
但那些數字究竟有什麼意義？

英制熱量單位（British thermal unit, Btu）是能量的單位，就像卡路里也是能量單位。兩者都是最常用來測量熱量的單位。

它雖然對於設計爐台的人很有意義，但是對我們這些下廚的人意義不大。不過它湊巧幾乎是一個營養卡路里的四分之一。例如：沸騰蒸發一品脫水所需要的兩百五十卡路里等於一千 Btu。

另一個例子：一根蠟燭燃燒放出的熱大約是五千 Btu。那是蠟燭內含的化學能，燃燒過程把化學能轉變成熱能。但蠟燭是在一段時間中緩緩放出熱量，所以不能夠用來烹飪。如果你曾經納悶的話，那就是你不能用燭火爆炒碎牛肉的原因。

我們需要在短時間內供應許多熱量，才適合用來烹飪。因此爐頭依照它們供應熱量的速率來分級，標示出最大火力每小時輸出的 Btu 數。造成混淆的是，有人忽略「每小時輸出的 Btu」，而只說 Btu。但是爐頭的 Btu 輸出率不是熱量的多寡，而是爐頭輸出熱量的最大速率。

大部分家用瓦斯或者電爐爐頭每小時產生九千 Btu 至一萬二千 Btu。餐館廚房的瓦斯爐頭能夠以兩倍速率輸出熱量，其中一個原因是它們的瓦斯管線比較粗，所以每分鐘供氣量比較大。而且餐館爐頭通常有好幾圈同心圓出氣孔，而不是只有一圈。需要高溫烹飪的中國餐館，擁有的大型爐頭就像吃了滿嘴哈瓦納辣椒的火龍一樣噴出熱量。

還記得蒸發高湯裡面一品脫的水需要一千 Btu 嗎？使用每小時一萬二千 Btu 的爐頭應該需要十二分之一小時或者五分鐘。但

是你知道實際操作需要比那更長的時間。原因在於爐頭發出的熱量大部分都浪費掉了。大部分的熱量跑去加熱鍋子以及周圍的空氣，而不是直接加熱鍋子裡的液體。

　　兩個不同的鍋子裝了食物放在相同爐頭上，設定相同火力，它們受到的加熱與烹煮大不相同，差異取決於鍋子的形狀與大小、鍋子的材質、內裝食物的種類與分量等等。對於每一個特定情況，你必須隨時注意鍋子，時時調整爐火。

知　識　補　給　站

物色爐台的時候，要找至少有一個爐頭是每小時輸出一萬二千 Btu，最好是一萬五千 Btu。憑著那麼大的熱量輸出，你可以迅速煮沸熱水，快速炒肉，或像中國廚師一樣，使用中式炒鍋。

烹飪時紅酒的酒精都會被煮掉嗎？

使用紅酒烹飪時，所有酒精都能蒸發掉嗎？
這對康復中的酗酒患者可能會造成困擾。

瓶子裡的葡萄酒隔夜就會失去酒力嗎？在燒酒雞裡，米酒失去它的勁道嗎？酒精真的都蒸發了嗎？或者，你一吃紅酒燉雞就有些暈陶陶？使用葡萄酒或白蘭地烹飪時，以下就是重點：

湯裡永遠會殘留一些酒精。

許多烹調書宣稱，所有或者幾乎所有的酒精都在烹飪過程中「燒掉了」（他們的意思是說酒精蒸發了；除非你引燃酒精，否則不會燃燒）。如果書中有「解釋」的話，標準的說法是：酒精在華氏一百七十三度（攝氏七十八點三度）沸騰，然而水在華氏兩百一十二度（攝氏一百度）沸騰，因此酒精會比水先蒸發掉。

可是，事情偏偏不是那樣。純酒精在華氏一百七十三度沸騰，水在華氏兩百一十二度沸騰都是正確的。但是那不意味著酒精與水混合之後各自行動；其實兩者相互影響對方的沸點。酒精與水的混合物的沸點在華氏一百七十三度與華氏兩百一十二度之間——如果大部分是水，就比較接近華氏兩百一十二度，如果大部分是酒精，就比較接近華氏一百七十三度，我當然希望你的烹飪不會大部分是酒精。

酒精與水的混合物微沸或沸騰時，蒸氣是水蒸氣與酒精蒸氣的混合物；酒精與水一起蒸發。但是因為酒精比水容易蒸發，所以蒸氣裡的酒精比例高於液體裡的酒精比例。但蒸氣從鍋子飄走時並沒有帶走很多酒精。這種流失酒精的過程遠不如大家認為的那麼有效。

究竟有多少酒精殘留在鍋子裡取決於非常多的因素，所以不

可能有適用於所有食譜的概括答案。但是某些測試的結果可能會令你吃驚。愛達荷大學、華盛頓州立大學與美國農業部的營養學家，在1992年測量兩道大量使用勃根地葡萄酒的菜色，紅酒牛肉與紅酒燉雞，還有以雪莉酒烹調的干貝牡蠣，在烹飪前後的酒精含量。他們發現視食物種類與烹飪方法而定，有百分之四到百分之四十九的酒精殘留在完成的菜餚裡。

　　較高的溫度、較長的加熱時間、沒加蓋的鍋子、直徑較大的鍋，在爐子上烹飪而不是關在烤箱裡——全都是增加水與酒精蒸發量的條件——毫不令人意外，也會增加酒精的流失。當你得意洋洋地端著閃耀的火燄紅酒櫻桃或甜酒可麗餅走進餐廳時，你以為自己正在燒掉全部酒精嗎？你錯了。

　　依據1992年的測試結果，火燄熄滅前，你可能只燒掉百分之二十的酒精。那是因為蒸氣裡的酒精百分比必須達到某種程度才能夠維持火燄。你必須使用高酒精濃度的白蘭地，而且要先加溫才能引燃（例如：你無法引燃葡萄酒）。火燄在盤裡還剩下頗多酒精時，蒸氣就已經無法保持可燃性，於是火就熄了。就是那麼回事。

　　在招待客人時，你應該怎麼看待這些測試結果呢？永遠必須考慮的一件事就是稀釋因素。如果你的六人份紅酒燉雞需要三杯葡萄酒，而三十分鐘的燉煮會蒸發大約一半的酒精（就像研究人員的發現），每人份最後含有的酒精相當於兩盎斯葡萄酒。另一方面，同樣的三杯葡萄酒在紅酒牛肉裡燉煮三小時，會失去百分之九十五的酒精（依據測試結果）。最後每個人只吃到相當於五分之一盎斯葡萄酒的酒精含量。

　　總之，少量酒精仍然是酒精，所以你要自己判斷。

人行道真的會熱到可以煎雞蛋嗎？

雞蛋大約在幾度時會被煎熟？

不太可能。但是科學觀念從來沒有礙著人們去試圖證明長久以來流行的傳說。

我的童年是在空調時代來臨前的大都市度過，在夏天最熱的時候，甚至連銀行搶匪也懶得製造新聞，於是記者閒得發慌，至少會有一家報紙炮製出人行道上煎蛋的故事。但是就我記憶所及，從來沒有人宣稱實際成功做到這件事。

那並沒有阻止亞利桑那州奧特曼小鎮（Oatman）的一百五十位居民，每年七月四日在聞名的六十六號公路旁舉行太陽能煎蛋比賽。依照奧特曼鎮位高名尊的煎蛋大賽主持人弗瑞德·艾克（Fred Eck）的說法，在十五分鐘之內，用太陽能將蛋煎至最接近全熟的參賽者就算獲勝。

奧特曼鎮偶爾會煎熟一個蛋，但是比賽規則准許使用放大鏡、鏡子、鋁製反射器之類的花樣，我認為那不公平。我們這裡談的是，把蛋直接打在地上，而且不去干預它。

兩年前，我在德州奧斯汀遇到一陣熱浪，我決心弄清楚，有沒有可能不倚靠光學或者機械輔助裝置，在人行道上煎蛋。為了獲得有意義的結論，我必須測量人行道的溫度。幸好，我隨身帶了一種叫作「非接觸式溫度計」的奇妙小器材。它像是一把小手槍，拿它指著某個表面，扣下扳機之後就可以讀出華氏零度（攝氏零下十七點八度）到五百度（攝氏兩百六十度）之間的表面溫度。它的設計原理是，分析那個表面發射或反射的紅外線多寡；越熱的分子發射越多的紅外線。因為我已經知道要多熱才能煎蛋，所以我的迷你溫度計非常適合人行道煎蛋實驗，如果你繼續

讀下去，你也會知道。

　　我在一個特別熱的正午稍後，外出四處測量很多人行道、自宅車道與停車場的表面溫度，同時努力避免看起來像是用真槍亂指，而惹惱了德州佬。不出所料地，地面溫度依照表面顏色深淺而變化很大。黑色物體會吸收更多的光線，也就是更多的能量，所以黑色路面比混凝土熱——戶外煎蛋有一個重點是——黑色路面中央比人行道有更好的機會。

　　雖然氣溫在華氏一百度（攝氏三十七點八度）附近，但我一直找不到華氏一百二十五度（攝氏五十一點七度）以上的混凝土或華氏一百四十五度（攝氏六十二點八度）以上的黑色路面（記住前面的溫度）。在這兩種情況中，因為路面輻射的大部分紅外線只是反射的太陽輻射，所以只要太陽一跑到雲後面（好吧，是雲跑到太陽前面），溫度幾乎立即陡降。閃亮的金屬表面反射的太陽輻射多到讓迷你溫度計無法讀出精確的溫度。

　　現在要進行關鍵的實驗了。我稍早從冰箱取出一個雞蛋，讓它恢復室溫。我在日正當中時，把蛋直接打在華氏一百四十五度（攝氏六十二點八度）鋪瀝青的停車場上。我沒有使用烹飪油，以免過度冷卻表面。然後我等待。

　　繼續等待。

　　如果不包括路人對我投以怪異的眼光，那就沒有發生任何事情。就算是蛋白的邊緣稍微變稠了一點，但是沒有發生任何勉強算得上是煎熟的事情。停車場表面根本不夠熱到煎蛋。可是我納悶為什麼不夠？

　　首先，只有蛋白接觸到高溫表面——蛋黃漂在蛋白上——所以重點是，煎熟蛋白需要什麼溫度。而且我們說「煎熟」究竟是什麼意思？蛋白是好幾種蛋白質的混合物，其中每一種受熱的影響都不同，而且會在不同的溫度凝結。（難道你期待單純的答案？）

　　但是簡單地說，一切都歸結到這回事：蛋白在大約華氏一百

四十四度（攝氏六十二點二度）開始變稠，在華氏一百四十九度（攝氏六十五度）停止流動，在華氏一百五十八度（攝氏七十度）變成相當緊實。同時，蛋黃在華氏一百四十九度（攝氏六十五度）開始變稠，在華氏一百五十八度（攝氏七十度）完全失去流動性。所以，想要把整個雞蛋「煎熟」到不流動、完整蛋黃朝上的情況，你必須讓蛋白與蛋黃都達到華氏一百五十八度（攝氏七十度），而且保持夠長的時間，讓緩慢的凝結作用發生。

不幸的是，那比任何可能合理獲得的地面溫度高出很多。但是更重要的是，當你把華氏七十度（攝氏二十一點一度）的蛋打在華氏一百四十五度（攝氏六十二點八度）的地面上，蛋會大量降低表面溫度；與爐火上的煎鍋不同的是，下方沒有持續補充熱量。還有，路面是很差的導熱體，熱不能從周圍流進來。所以，就算停車場的黑色表面在非常非常熱的日子可能接近華氏一百五十八度（攝氏七十度）的凝結溫度，但是在人行道表面煎熟雞蛋恐怕只能是仲夏夜之夢。

可是等一下！烈日照射的藍色福特旅行車的車頂溫度是華氏一百七十八度（攝氏八十一點一度），比足夠凝結蛋白與蛋黃的溫度還高。而且因為鋼是熱的良導體，可以藉由車頂其他部分流進雞蛋的熱來維持那個溫度。或許汽車，而不是街道與人行道，才是正確的方向。

在我的實驗上報之後，一位讀者寫信告訴我，他在二次大戰的新聞影片裡看到，兩位德國非洲軍團士兵在坦克車鋼板上煎熟雞蛋（幸好奧斯汀的街上沒有坦克，不過有些多用途休旅車和坦克差不多）。他寫道：「他們清出一塊地方，倒一點油塗抹，然後打上兩個蛋。蛋白和在我的煎鍋裡一樣，快速變成不透明。」我查閱紀錄發現，有記載的最高溫度發生在1922年9月13日的利比亞艾爾阿濟茲（El Azizia），溫度是華氏一百三十六度（攝氏五十七點八度）；那裡距離前述的德國坦克不遠。

另一位讀者告訴我，她和朋友曾經在亞利桑那州潭碧市

（Tempe）的人行道煎熟雞蛋，當天氣溫是華氏一百二十二度（攝氏五十度），不過她沒測量人行道的溫度。她寫道：「雞蛋直接從冰箱拿出來。我們把蛋打在人行道上，蛋白立即被加熱。蛋黃在不到十分鐘之內就破了……而流散開來，於是整個蛋都熟了。我們以為蛋黃破裂只是運氣，所以又試了另一個蛋，結果大約在同樣的時間內，那個蛋的蛋黃也破裂了。」

　　我當然必須解釋為什麼蛋黃會破裂，弄砸了美觀的街邊食物。我只能靠猜的，不過我的讀者提供了線索。她繼續寫道：「我們回到屋子裡。我的朋友稍後告訴我，最好在她丈夫回家之前清掉那些雞蛋，所以我們就回到外面。蛋已經完全脫水，碎成小塊，許多螞蟻搬走那些碎塊；我們沒有東西可清。」

　　啊哈！那就是答案：脫水。亞利桑那州的濕度有可能低到幾乎不存在，所以液體很快就蒸發掉。一定是蛋黃的表面迅速乾燥變脆，然後裂開，散出裡面仍然是液態的東西。最後，整個雞蛋乾燥碎裂為小塊，就像乾涸湖底的泥塊。小塊的尺寸剛好適合快樂的螞蟻搬去牠們吃下午茶的地方。

　　科學的美妙之處就是，它甚至能夠解釋沒有人需要知道的事情。

瓦斯和木炭一樣適合烤肉？

最適合用來烤肉的是什麼火：木炭或瓦斯？

那個問題的答案是：「看情況。」

木炭火燄與瓦斯火燄同樣都可以烤出外熟內生的雞肉。和一切的烹飪一樣，重要的是，食物究竟吸收了多少熱力；那件事決定了「幾分熟」。烤肉是讓食物在短時間內暴露於很高的溫度，以吸收必需的熱量，所以加熱時間的少許差異就可以造成多汁美味與一團焦炭的重大差別。

但掌握烤肉技巧並不容易的主要原因是難以控制溫度。調整瓦斯火燄不是難事，但是談到調整木炭溫度，就必須使用古老的方法，例如：移動食物到較熱或較冷的位置，提高或降低鐵架，聚攏木炭讓火更熱，散開木炭讓火降溫。還要看你是用有蓋或無蓋烤架，遊戲規則會因而不同。

火燄有兩個組成成分：燃料與氧。如果可用的氧不夠多，燃燒就不完全；某些沒燒掉的燃料會成為煙或黃色火燄。沒燒掉的碳粒子被加溫後會發出黃光。而且，因為永遠沒有百分百的完全燃燒，因而會產生一些有毒的一氧化碳，而不是二氧化碳。所以，無論你的日式小炭爐有多麼可愛，永遠都不可以在室內烤肉。

烹飪最好是完全燃燒，所以最重要的是讓燃料接受足夠的空氣（煙燻食物是故意讓加熱的木材缺氧）。在調整良好的瓦斯爐裡，瓦斯在前往爐頭的路上自動與恰當分量的空氣混合；在木炭火爐裡，你必須調整通風口。

穴居人發現了火，第一次烤乳齒象漢堡時，無疑是使用木柴燃料。但木柴含有不能完全燃燒、又會劈啪作響的樹脂，因此形成骯髒的火燄。硬木含有比較少的那一類物質，偏愛使用硬木烤肉的純正主義者相信，沒有燃料比得上老式燃料，而且他們珍視木柴火燄賦予的獨特煙燻味道。

　　大部分人想問的燃料問題是：該燒木炭還是瓦斯——當然還包括要使用什麼設備。近來，烤肉設備形形色色，有可以在狹窄空間使用的小炭爐，到適合在市郊使用的，除了飛機尾巴和雷達之外，什麼都有的巨怪。

　　木炭是受到高溫加熱的木材，但因為沒有接觸到空氣，所以沒有真正燃燒。所有樹汁和樹脂都被分解趕走了，剩下幾乎純粹的碳可以緩慢燃燒，安靜而乾淨。保持木材形狀的天然硬木木炭不含添加物，也不會影響食物的味道。另一方面，人工木炭是用黏合劑聚集鋸屑、碎木與煤炭製成的。但煤炭並不是純碳，它含有好幾種會冒煙，影響食物風味的石油似的化學物。

　　燃燒最完全的燃料是瓦斯，瓶裝銷售的丙烷，或者透過管線輸送到家裡的甲烷「天然」瓦斯都一樣乾淨。兩種瓦斯都有適用的烤肉爐。瓦斯裡面幾乎沒有雜質，燃燒過程幾乎只產生二氧化碳與水。

　　人們高度珍視的「木炭味」呢？使用瓦斯烤肉能夠得到木炭味嗎？那種美妙的燒烤風味不是來自木炭，而來自高溫燒烤的食物表面發生的強烈褐化。味道也來自溶化的脂肪滴落在高溫表面——火紅的人工木炭或瓦斯烤肉爐的火山岩或陶瓷橫桿——變成蒸氣上飄，凝結在食物表面。

煙囪式木炭引燃器，從底邊的小洞點燃報紙。

但是如果太多脂肪滴落就會造成火舌竄高，這是不好的事。原因在於，脂肪雖然是很好的燃料，但沒有足夠時間或足夠的氧可以完全燃燒，因而產生多碳粒、黃色的火燄炙燒你的食物，使食物燒焦，留下可怕的化學物與難吃的味道。為了避免烤焦牛排，應該要事先割掉大部分的脂肪，如果仍然發生火舌竄高，應該把肉移開，等待火舌消退。

還有引燃木炭的問題。除非燃料的一部分熱到可以蒸發，否則燃料不會開始燃燒。蒸發後的燃料分子才會與空氣中的氧分子混合，發生叫作「燃燒」的放熱反應。燃燒反應開始之後，釋出的熱會繼續蒸發更多的燃料，整個過程變成自我持續。

瓦斯當然已經蒸發了，你只需要一個火花或一根火柴引起燃燒。但木炭烤肉的可怕難關就是，如何讓木炭熱到足夠產生最重要的初始蒸發。你可以請引火劑上場，這種燃料可以引燃燃料。引火劑是由石油提煉出來，介於汽油與燃料油之間的液體。如果你在點火之前，等一分鐘讓它滲入木炭，大部分的蒸氣會被吸收。我認為木炭是世界冠軍級的吸收劑（淨水器與防毒面具都使用木炭），所以引火劑的氣味永遠不會完全消失。

如果有電可用，電熱點火器雖然慢，但效果好。我認為引燃木炭最好的方法是，用舊報紙作燃料的煙囪式木炭引燃器，既迅速又沒有臭氣。只需要塞一些報紙進去，上方裝入木炭，點燃報紙；十五分鐘至二十分鐘之內，木炭就會良好引燃，可以倒進烤肉爐內。

最爭論不休的問題是，哪一種燃料比較好，瓦斯或木炭？這樣問吧，哪一個政黨比較好？各黨都有死忠支持者。我個人有兩個原因偏好木炭。第一，市場上有太多種火力不比打火機強多少的弱不禁風瓦斯烤肉爐。第二，燒木炭只會產生二氧化碳，但燒瓦斯會產生二氧化碳與水蒸氣。雖然沒有做任何實驗，但我相信水蒸氣可能會讓食物無法像木炭烤的那麼熱，然而成功的烤肉絕對需要高溫、乾燥的熱力。

老 饕 廚 房

烘烤蔬菜
Roasting the Garden

戶外燒烤非常適合肉類與魚類，但燒烤蔬菜就很有問題。蔬菜
放在鐵架上，容易掉進火裡；串在烤肉籤上，有些部分會燒
焦，其他部分烤不到。在烤箱裡烘烤蔬菜就容易得多。你會得
到色澤美觀的柔嫩蔬菜，具有燒烤風味卻更為甜美。

■材料

兩個洋蔥，去皮，去掉頂部	三根胡蘿蔔，去皮
一個紅椒切半，去核去籽	六根粗蘆筍
一個黃椒切半，去核去籽	一個大蒜頭，去掉頂部
一個中型綠色節瓜，去籽	特純橄欖油
一個中型黃瓜，去籽	粗鹽
四個番茄切半，去籽	百里香細枝與羅勒葉

1. 預熱烤箱到華氏四百度（攝氏二百零四度）。蔬菜洗淨，放
   入大烤盤裡。澆上橄欖油。
2. 放入烤箱下層烤架，烤五十至六十分鐘，或至蔬菜邊緣稍呈
   褐色。取出冷卻。
3. 洋蔥切成四等分，去掉紅黃椒的外皮，切塊。綠色節瓜、黃
   瓜、番茄與胡蘿蔔切塊。蔬菜排盤，澆上烤盤汁液。
4. 澆上橄欖油，撒上粗鹽。飾以百里香與羅勒葉。室溫或溫熱
   上桌，搭配烤過的鄉村麵包。柔軟的烤蒜粒可以抹在麵包
   上。

四人份。

煎鍋是神奇的解凍盤？

有沒有解凍食物的最佳方法？

我懂你的意思。辛苦工作了一天後回家，你不想下廚房，但也受不了上餐館的麻煩。能向何處求助？當然是冷凍櫃嘍！就像美式橄欖球迷一樣，你的腦海裡有聲音在吶喊：「解凍！解凍！」在掃描你的冷凍資產時，你納悶的不是裡面裝了什麼（我為什麼不在袋子上貼標籤？），而是什麼可以在最短時間內解凍。

你的選項有：（1）檢視信件時，讓食物在流理臺上解凍；（2）泡在裝滿水的水槽裡；（3）我將要洩露的天機，保證讓你吃驚的最快速的好方法。

關於商業包裝的冷凍食物，遵照產品說明就可以了。你不會相信有一隊龐大的家務專家與技師大軍，辛苦地工作，想找出在廚房解凍他們公司產品的最好方法。請信任他們。

雖然商業包裝的解凍說明時常涉及微波爐，那對自家冷凍的食品沒用，原因是難以避免在解凍的同時，順便煮熟食物的外層。

「冷凍食物」是錯誤的命名。技術上來說，「冷凍」是冷卻某一種液態物質到它的冰點以下，而把它轉變成固態。但是肉類與蔬菜放進冷凍櫃的時候已經是固態物質。其實是它們內含的水分結成微小的冰晶體，那些冰晶體讓整體食物變硬。「解凍」就是把那些微小的冰晶體融解，恢復成液態。

怎麼融解冰？這還用問，當然是加熱。於是你的第一個問題是找低溫的熱源。如果那個說法聽起來有點矛盾，請不要忘記熱與溫度是很不相同的兩回事。

熱是能量，是運動中的分子擁有的能量。凡是分子，或多或少都會運動，所以到處都有熱，萬物都有熱。甚至冰塊也含有

熱。不像燙手山芋那麼多，但是有一些。

　　與高溫烤箱裡的空氣相比，廚房裡的空氣溫度是很溫和的，但是它仍然含有很多熱量，可以用來解凍冷凍食物。那麼，我們就把食物擺在空氣裡嗎？不行。因為空氣大概是你所能想到最糟的熱導體，所以會耗費太多時間傳熱。空氣分子散開太遠，以至於不能多多碰撞其他分子。此外，細菌可以在最先解凍的外表部分迅速滋生，所以在空氣裡緩慢解凍是危險的事。

　　浸在水裡又如何呢？因為水分子比空氣分子密集許多，所以水是比空氣好的熱導體。如果食物包裝能夠防水（如果沒把握，把食物放進密封式塑膠袋，擠出大部分的空氣），可以完整地浸在裝滿冷水的碗裡——全雞可以浸在洗碗槽或浴缸裡。冷凍全雞會讓水變得更冷，大約每半小時換水一次可以更快解凍。

　　但是，最快的解凍方法是，把拆掉包裝的冷凍食物放在未加熱的厚重平底鍋裡。是的，未加熱的。因為金屬擁有幾千億鬆散的電子，可以比互相碰撞的分子更良好地傳遞能量，所以金屬是最優良的熱導體。金屬鍋可以很有效地把房間裡的熱傳給冷凍食物，以破紀錄的時間解凍。越厚的金屬每分鐘傳熱越多，所以越重的鍋子越好。

　　牛排與豬排之類的扁平食物解凍最快，原因是它們與鍋子的接觸最好，所以你要將食物冷凍時，必須記住這件事。球型、大塊烤肉與全雞放在鍋裡，不會比放在流理臺上更快解凍；因為有細菌滋生的危險，兩種方法都不宜使用，而應該放在冷水或冰箱裡解凍。順便一提，不沾鍋的導熱不良，鑄鐵鍋多孔，這兩樣東西都沒用。

　　我是在實驗廚具店販賣「神奇」解凍盤時，發現煎鍋的妙用。解凍盤號稱使用「太空時代的先進超級導熱合金」製造，可以「立即吸取空氣裡的熱」。這個嘛，太空時代的超級導熱合金其實只是普通的鋁（我化驗過），基於完全一樣的原因，會像普通鋁製煎鍋一樣「立即吸取空氣裡的熱」。

所以，用浸水的方法解凍大塊的東西，冷凍牛排和魚排就放在厚重煎鍋裡。在你還來不及說完「我把冷凍豆子放到哪裡去了」這句話之前，它就解凍了。好吧，沒那麼快，但是比你認為的快很多。

為什麼要在大理石檯面上揉製麵糰？

廚房裡每個鍋碗瓢盆都是涼的，怎麼回事？

糕餅麵糰在揉製過程中必須保持低溫，好讓油酥——通常是奶油、豬油之類的固態脂肪——不會融解，被麵粉吸收。否則，餡餅的口感會像厚紙板一樣。起酥皮就是許多薄層的麵糰之間被脂肪層隔開。被分隔的麵糰薄層在烤箱裡開始定型，等到脂肪溶化時，麵糰發出的蒸氣已經迫使薄層永久分開。

依照烹飪書上的說法，使用大理石表面是因為它是「涼的」。但是大理石絲毫不比房間裡任何其他東西更涼，所以那種說法對於溫度的觀念太不嚴謹。

你抗議說，但是大理石真的摸起來很涼。是的，確實如此。還有菜刀的「冷鋼」，以及每一個鍋盤碗盞都是那樣。事實上，現在趕快跑進廚房（我會等你），拿起除了貓以外的每一樣東西貼在你的額頭上。老天，每一件東西都是涼的！這是怎麼回事？

事情是這樣的：你的皮膚溫度大約是華氏九十五度（攝氏三十五度），然而你的廚房和它裡面的所有東西都大約是華氏七十度（攝氏二十一點一度）。難道你會驚奇比你的皮膚溫度低華氏二十五度（攝氏十三點九度）的東西感覺是涼的？熱永遠從高溫流向低溫，當你碰到那些物體的時候，熱會從你的皮膚流向物體。於是失熱的皮膚就對你的大腦發出訊息：「我感覺異乎尋常的冷。」

事實上，不是物體冷，而是你的皮膚熱。就像愛因斯坦從沒說過：「一切都是相對的。」

即使處於相同的華氏七十度（攝氏二十一點一度）室溫，並不是所有東西都會讓人感覺同樣的涼。請回到廚房。菜刀的鋼製

刀刃比木頭砧板讓人感覺更冷。刀刃真的更冷嗎？不會的，那兩個物體在相同環境的時間已經長到足以處於相同的溫度。鋼和所有金屬一樣，是遠比木頭更好的熱導體，所以鋼製刀刃讓人感覺比木頭砧板更冷。刀刃與皮膚接觸時，它比木頭更迅速地傳熱到房間裡，於是迅速冷卻你的皮膚。

大理石導熱不如金屬，但比木製或塑膠夾層的流理臺導熱速度快十倍到二十倍。大理石會搶走熱量，讓你的皮膚感覺涼涼的；同樣地，大理石會迅速移除揉製麵糰產生的熱量，所以麵糰也「感覺涼涼的」。於是，麵糰不會暖化到足以融解油酥。

好吧，好吧，就算我過度挑剔。如果什麼東西讓你感覺冰涼，行為冷酷，只差不會像冷鴨子一樣呱呱叫，為什麼不能說它冷？請便。你就說大理石是冷的好了。但請理解，那不是完全正確的說法。

老　饕　廚　房

拉丁餡餅
Easy Empanadas

拉丁餡餅意指用麵粉或玉米粉製作，包有各種餡料的餡餅，通常使用肉類或海產。可以用烤的，也可以油炸。在這個食譜裡，我們將餡料包在現成麵糰裡，必須在大理石之類的「涼的」表面擀平餅皮；如果沒有大理石可用，就在木板上盡快處理。超市可以買到冷凍餅皮。牛肉可以用火雞肉或雞肉代替。

■材料

一袋十七盎斯的冷凍麵皮　　一茶匙鹽
一大匙橄欖油　　　　　　　半茶匙乾辣椒碎片
半杯剁碎洋蔥　　　　　　　半茶匙乾牛至

半杯剁碎紅椒　　　　　半茶匙小茴香粉

一瓣大蒜，磨碎　　　　四分之一茶匙丁香粉

一磅牛絞瘦肉　　　　　現磨胡椒

兩茶匙中筋麵粉　　　　三大匙番茄醬

一大匙辣椒粉　　　　　一個蛋黃混合一大匙水

1. 在冰箱裡，隔夜解凍麵皮。

2. 用中火在大煎鍋裡熱油，加入洋蔥、紅椒，煮到變軟，約五
   分鐘；加入大蒜，再煮一分鐘。倒進絞肉，攪拌均勻，加熱
   至碎肉略呈褐色，約五分鐘。倒掉鍋裡多餘油脂，移開煎
   鍋。

3. 在小碗裡混合麵粉與辛香調味料。倒進絞肉裡，攪拌均勻；
   加入番茄醬，繼續攪拌。試試味道，應該是辣味。

4. 餡料倒入十到十五英寸的烤盤裡，攤平冷卻。分成十八份，
   每份兩大匙。

5. 烤箱預熱到華氏四百度（攝氏二百零四度）。

6. 取出一張解凍麵皮，放在鋪了麵粉的工作臺上。可能還相當
   硬，等它軟化到一定程度時，攤平麵皮。兩面撒上麵粉。

7. 將麵皮切成三個長條，每條切成三個三英寸長正方形，分別
   擀成五英寸長正方形，撒上麵粉疊起來。處理第二張麵皮，
   現在有十八張麵皮。

8. 完成餡餅：麵皮放在撒了麵粉的工作臺上，用小刷子在左下
   方邊緣刷上蛋黃水。把一份餡料放在接近蛋黃水的左下方位
   置。麵皮對角摺過來，形成三角餅。將餡餅封口，用叉齒緊
   壓邊緣。如有必要，切掉不整齊的部分。放入烤盤。

9. 餡餅表面刷上蛋黃水，戳兩個小孔，好讓蒸氣逸出。烤十八
   至二十分鐘，餡餅會膨脹，呈微褐色。分別包裝冷凍起來。

可做十八個餡餅。

熱水比冷水更快結冰？！

十七世紀以來，人們不斷爭辯熱水是否會比冷水更快凍結。直到今日，加拿大人仍然宣稱放在室外的熱水比冷水更快結冰。

信不信由你，熱水真的有可能比冷水更快結冰。那是指有時候，在某些條件下，視許多事情而定。

熱水要走更長的路降溫到華氏三十二度（攝氏零度），所以直覺上認定似乎不可能。溫度每下降華氏四度，一品脫的水必須失去一卡路里熱量。所以其他條件都相同之下，下降的溫度越多，就必須從水裡取出越多的熱。

但是依據「沃克謬論定律」，其他條件從來不會全都相同。我們將會看到熱水與冷水不只是溫度不同而已。

如果化學家被逼著解釋熱水怎麼可能比冷水更快結冰，他們可能會咕噥著，冷水含有更多溶解的空氣，而溶解的物質會降低水的冰點之類的事情。那是真的，但影響微乎其微。冷水含有的溶解空氣會讓它的冰點降低不到華氏千分之一度，沒有人能夠那麼精確地比較熱水與冷水之間的結冰競賽。溶解空氣的解釋根本說不通。

熱水和冷水之間的真正差別是：越熱的物質會輻射越多的能量到周圍環境。那就是說，溫度較高的水冷卻速率比低溫的水更快——每分鐘下降度數更多。如果容器相當淺，形成大量水面時，差別會更大。但是，無論熱水起初冷卻得有多快，頂多只是追上冷水而已，並不意味著熱水可以搶先結冰。熱水追上冷水之後，兩者就是並駕齊驅。

更重要的差別是，熱水蒸發得比較快。如果我們企圖凍結同樣多的熱水與冷水，溫度降到華氏三十二度（攝氏零度）時，熱水容器裡的水量會比較少。比較少的水自然會比較快結冰。

　　那真的會造成顯著差別嗎？這個嘛，水在許多方面是很不尋常的液體。其中一方面是在溫度大幅下降之前，必須從水裡移走異乎尋常大量的熱（行話：水擁有高熱容量）。所以即使熱水容器蒸發損失的水量只比冷水容器稍多一點，熱水結冰需要的時間就可能少很多。

　　因為實在還有太多其他因素影響，所以不要衝進廚房用製冰盤試看看。依據沃克定律，兩個製冰盤絕不可能完全相同。它們不可能在完全相同的位置處於完全相同的溫度，而且它們不可能以相同的速率冷卻。（其中一個是不是比較靠近冷媒管線？）還有，你要怎麼判斷水究竟什麼時候結冰？表面上剛結出薄冰時嗎？那不代表整盤水都已經抵達冰點。打開冷凍櫃的門會造成不可預測的氣流，影響蒸發率，所以不能太頻繁地開門偷看。

　　更讓人感到挫折的是，不受擾動的水在結冰之前有降到冰點以下的怪異習慣（行話：水會超冷）。水可能會拒絕結冰，除非受到大致上不可預期的外界干擾，例如振動、灰塵或容器內部表面的刮痕。簡言之，你從事的是終點線很模糊的賽跑。科學真是不容易。

　　我知道你是百折不回的。所以隨你去量出同樣多的熱水和冷水，把它們放進完全相同的（才怪！）製冰盤，但不要對結果下太大賭注。不過，科學家還是無法解釋加拿大人為什麼在冷天把兩桶水放在室外。

雞蛋可以冷凍嗎？

在我出門旅行前，還有兩打雞蛋沒吃完，
而我討厭浪費食物。
我可把這些雞蛋冰在冷凍櫃裡嗎？

　　我也討厭浪費食物，但在這個情況下，冷凍雞蛋可能是得不償失。首先，你可能預料到了，就像水凝結成冰一樣，蛋白凍結時會膨脹，蛋殼可能會因此破裂。依照你在冷凍櫃的存放時間而定，蛋的味道可能會變差。

　　更麻煩的是，解凍雞蛋的時候，蛋黃可能會變成又稠又黏。那叫作凝膠化──形成凝膠的過程。發生凝膠化的原因是，蛋凍結的時候，某些蛋白質分子形成網絡困住大量的水，解凍時卻無法解開網絡。稠化的蛋黃不是很適合製作口感滑順的軟凍或醬汁。在其他料理中使用黏稠的蛋也可能有風險，如果弄砸了，浪費的遠不只是幾個蛋而已。

　　下一次，如果你的旅行不超過兩星期，在冰箱冷藏雞蛋就可以了，或者在出發之前全部做成水煮蛋。

　　食品製造廠商製造烘焙產品、美乃滋和其他產品時，會使用大量的冷凍雞蛋。避免凝膠化的方法是，每一百份去殼打好的雞蛋加十份鹽或糖，然後再冷凍。不嫌麻煩的話，你也可以那樣做，但是鹽或糖當然會限制蛋的用途。

冷凍的食物怎麼會被灼傷！

凍燒的食物究竟發生了什麼事？

「凍燒」（freezer burn）應該是最可笑的矛盾修辭法之一。

但瞧一眼你從來沒打算在冷凍櫃放那麼久的緊急備用豬排，難道它乾燥縐縮的表面看起來不像被灼傷了嗎？

字典告訴我們「灼傷」不見得是因為熱；它是說縐縮或乾燥，無論是什麼原因造成的。在冷凍櫃裡，陳年豬排表面一塊塊的「灼傷」確實是乾燥而且粗糙的，好像全部的水都被吸掉了。

如果水是以冰的形式存在，只靠著低溫能不能使冷凍食物乾燥？確實可以。那一塊倒霉的豬排在冷凍櫃裡凋萎時，有東西從它結冰的表面偷走水分子。

以下將說明，穩固存在於固態冰裡的水分子怎麼會蒸發到別的地方。

水分子會自動遷移到提供它更適合居住環境的任何地方。對於水分子而言，越冷的地方越理想，水分子在那裡具有最少量的熱能，而且「其他情況都相同時」（參見第208頁「沃克謬論定律」），大自然永遠偏好最低的能量。

如果食物的包裝不能阻止分子進出，水分子就會透過包裝，從食物裡的冰晶體遷移到任何稍微更冷一點的地方，例如冷凍櫃的牆壁上（這就是為什麼舊式冷凍櫃必須除霜）。總的結果是，水分子會離開食物，食物表面變成乾燥、起縐、褪色——看起來像是灼傷。

這當然不是一夜之間發生的，是逐個分子發生的緩慢過程。使用阻擋水分子亂跑的食物包裝，可以把這個過程減緩到幾乎停止。某些塑膠包裝材料在這方面表現得相當理想。

第一個教訓：為了長期保存冷凍食物，必須使用針對冷凍食

物設計的阻止水分子透過的包裝材料。最好是能夠阻擋水蒸氣穿透的眞空密封、厚實的塑膠材料Cryovac。冷凍用包裝袋很明顯是理想材料，擁有防濕氣的塑膠覆膜。但普通塑膠膜是使用不同材料製造的，最好的是聚偏二氯乙烯，聚氯乙烯也很好。你可以查閱包裝說明。單薄的聚乙烯膠膜與普通的聚乙烯食物儲存袋不是很有用，但若有註明「冷凍塑膠袋」，通常會做得比較厚，所以還可以。

第二個教訓：食物要包裝緊實，不可以留下空氣。包裝內的任何空隙都會讓水分子經過空隙，漂流到比較冷的包裝內壁，停在那裡形成冰晶。

第三個教訓：購買冷凍食物時，尋找包裝袋裡面的冰晶體或者「雪」。你以爲那些冰是從哪裡來的？對：從食物裡來的。那些食物要不是在不嚴密的包裝裡冷凍太久，就是曾經解凍流出食物汁液，然後再度凍結。無論哪一種情況，食物都已經遭到虐待，雖然吃起來仍然安全，但是會「走味」，而且口感很差。

為什麼對著紅茶吹氣，茶就會變涼？

為什麼對食物吹氣，就可以冷卻它？

　　我們全都從經驗學到，沒有人監督餐桌禮儀時，使用吹氣冷卻最有效的是液體食物，或者至少是濕的食物。你無法藉著吹氣而大量減少熱狗的溫度，但是熱茶、熱咖啡與熱湯都惡名遠播，易於誘發這種低劣的餐桌失禮行為。事實上，吹氣冷卻的效果如此之好，其中道理必定不只是吹氣溫度低於食物溫度而已。

　　這裡面的道理是蒸發。當你吹氣的時候，你會加速液體的蒸發，就像對指甲油吹氣可以快乾一樣。人人都知道蒸發是一種冷卻過程，但似乎沒有人知道為什麼。

　　以下就是答案。

　　水裡面的分子用不同的速率到處運動。平均速率反映的就是我們所說的溫度。但是那只是平均值。事實上，速率分布的範圍很廣，有的分子只是慢吞吞前進，有的分子像計程車般高速亂衝。你猜哪些分子在靠近表面時最可能飛進空氣裡？對。高能量、高速亂衝的分子，比較熱的分子。所以在進行蒸發時，離開液體的熱分子比冷分子多，於是剩下來的水比原先更涼。

　　但吹氣有什麼作用？在水面吹氣可以趕走剛剛蒸發的分子，騰出空間給別的分子，於是加速蒸發。而更快的蒸發會造成更快的冷卻。

　　禮儀小姐就是不懂得欣賞科學在烹飪上的應用。

關於飲料的18個科學謎題

再來一杯！

第七章

我們在基礎化學課上學到，物質有三種形式（行話：物質的三態）：固態、液態與氣態。食物也有三態，只是大部分食物不會純粹是三態之中的某一態。

固態與氣態的穩定結合叫作泡沫或海綿狀物質，通常是攪拌形成的、含有空氣或二氧化碳氣泡的多孔固態結構。例如麵包、蛋糕、蛋白酥、軟糖、蛋白牛奶酥，還有慕斯。如果食物像麵包與蛋糕一樣，能夠吸收大量水分而不溶化，那就是海綿狀；如果像蛋白酥在水裡散掉而溶解，那就是泡沫。

兩種通常不混合的液體，例如油與水，形成的穩定結合叫作乳狀液。在乳狀液裡，其中一種液體以非常微小的球體分布在另一種液體中，保持浮懸不沉澱。主要的例子是美乃滋。製造美乃滋的方法是，把油逐漸加進蛋與醋的水狀混合物，用力攪拌。油會散裂成為不會與蛋和醋分離的微小油滴。

酒類是液態食物。它們都是以水為基礎，但可能含有不同分量的另一種液體：乙醇。最容易也最經濟的製造方法是，讓玉米、小麥、大麥等穀類的澱粉發酵，所以乙醇也叫作穀類酒精。「發酵」（fermentation）的字源是拉丁字fervere，意思是煮沸或冒氣泡；發酵就是細菌與酵母一邊吃有機物，一邊釋放酵素，造成有機物化學分解。不同的發酵產生不同的產物，但是最常用來表示澱粉與糖轉變成為乙醇與二氧化碳氣泡。

使用酒精發酵，從澱粉製造啤酒，還有從果糖製造葡萄酒，至少已經有一萬年歷史。人類祖先很早就發現，把壓碎的葡萄與水果放在溫暖處，果汁就會發酵，生出奇妙的醉人性質。

這一章將要談到三大類飲料：（1）用熱水萃取植物成分；（2）無論是發酵生成，或是人為添加的含有二氧化碳的飲料；（3）無論是來自發酵，或用蒸餾加強勁道的酒精飲料。

向咖啡、茶、蘇打、香檳、啤酒、葡萄酒和烈酒進軍。乾杯！

烘焙得最黑的咖啡豆喝起來最不酸？

如何找到最不酸的咖啡？
我想要不苦又不會造成胃穿孔的咖啡。

酸性時常招來很壞的口碑。

這或許是因為一大堆電視廣告宣傳控制胃痛與「胃酸過多」的藥品。但是我們胃裡的酸（鹽酸）比你在咖啡裡面找到的任何一種酸要強一千倍，胃壁卻能夠應付裕如。胃酸跑到胃的外面，衝進食道，才會造成胃痛。在有些人的身體裡，咖啡是會造成那種問題，但造成胃痛的不是咖啡的酸，而是胃酸。

咖啡裡面有幾種弱酸，與蘋果和葡萄裡的酸一樣，一點也不會造成胃部不適。如果你還沒被說服的話，這些酸大部分是揮發性的，而且一烤就跑掉了；你可能會感到驚奇的是，烤得最黑、烘焙度最深的咖啡豆反而可能含有最少的酸。

咖啡裡的檸檬酸、蘋果酸、醋酸與其他的酸會增加味道的生動性，而不是增加苦味。酸通常不是苦的——它們是酸的。

咖啡因才是苦的，但它大約只提供咖啡苦味的百分之十。不要瞧不起苦味，那是咖啡風味裡的重要成分，也是啤酒與巧克力這兩類不可或缺的食物風味的重要成分。

所以別管什麼酸性，只管找到你喜歡的咖啡。如果所有的咖啡都會「撕裂你的胃」，用不著我告訴你該怎麼辦。只要說「不」，就行了。

濃縮咖啡的咖啡因比美式咖啡多？

我妻子一喝濃縮咖啡，就會興奮幾小時。

濃縮咖啡含有比普通咖啡更多的咖啡因嗎？

那可不一定。（你知道我會這樣說，不是嗎？）

因為沒有「普通咖啡」這種東西，所以直接比較有點複雜。我們全都喝過——從自動販賣機裡賣的洗碗水，到休息站賣的電池酸液——十分難喝的咖啡。甚至在家裡，泡咖啡的方法也多到無法一言以蔽之。

讓我們面對事實：在目前的星巴克熱潮社會裡，每一家買得起機器，能夠雇用最低工資青少年操作機器的街頭咖啡店提供的濃縮咖啡，會讓專業的義大利濃縮咖啡專家痛哭流涕。所以那方面也沒有一致的標準。

任何一種濃縮咖啡的容量當然比一杯標準的美式咖啡少很多。但是濃縮咖啡的高濃度是不是足以彌補它的小容量呢？

典型的一盎斯濃縮咖啡裡的每一滴液體，當然比六盎斯普通咖啡的每一滴液體，含有更多的咖啡因——事實上，每一種成分都更多。但是在很多例子中，一杯沖泡良好的美式咖啡比一杯濃縮咖啡含有更多的咖啡因（我指的是「沖泡良好」，可不是你公司裡那些叫作咖啡的褐色液體。那種東西不只是咖啡因幾希，咖啡也幾希矣）。

專家怎麼說？許多咖啡專家一致認為，一杯典型的優良濃縮咖啡可能含有九十至兩百毫克的咖啡因，而一杯良好的美式咖啡含有一百五十至三百毫克的咖啡因。你可以看出來有一些重疊地帶，但是平均而言，濃縮咖啡含有比較少的咖啡因。

一杯咖啡的咖啡因含量首先取決於使用哪一種咖啡豆。阿拉

比卡（Arabica）咖啡豆平均含有百分之一點二咖啡因，羅巴斯塔（Robusta）咖啡豆平均含有百分之二點二，甚至高達百分之四點五的咖啡因。除非你是美食專家，否則你可能不會知道濃縮咖啡店或自家喝的是哪一種咖啡豆。阿拉比卡咖啡豆占世界產量的四分之三，比較有可能是阿拉比卡咖啡豆，儘管為了經濟因素，目前羅巴斯塔咖啡豆的產量略有增加。

重要的事情當然是，有多少咖啡因從豆子溶解出來進入水裡。那取決於幾個因素：研磨咖啡粉的使用量、研磨程度、使用水量，還有水與研磨咖啡粉接觸的時間。研磨咖啡粉的量越多，研磨得越細，使用的水越多，接觸的時間越久，都會溶出更多咖啡因。那就是濃縮咖啡與其他沖泡方法的不同之處。

比起你在家裡使用「滴漏式」沖泡法時用的研磨咖啡粉，製作濃縮咖啡所需的咖啡粉顆粒更細。另一方面，對於大約相等分量的研磨咖啡而言，製作濃縮咖啡時，大約只有一盎斯的水與研磨咖啡接觸，普通咖啡卻有六盎斯的水與咖啡粉接觸。還有，濃縮咖啡的水與研磨咖啡粉只接觸大約三十秒，而不像大部分的其他方法是好幾分鐘。

結果就是，你在你的街坊咖啡小店那裡喝一杯濃縮咖啡、拿鐵或卡布奇諾時，攝取的咖啡因會少於美式咖啡。另一方面，剛才說的並不適用於使用雙份濃縮咖啡製作的特大拿鐵或卡布奇諾。

現在說到尊夫人：喝了一杯濃縮咖啡之後，她為什麼興奮莫名？其中一個原因可能是她的新陳代謝，關於咖啡因的單純化學分析無法解釋那種因人而異的事。個人間的咖啡因新陳代謝率變化很大，依照書裡的說法，女性似乎對咖啡因的新陳代謝比較快。那當然適用於所有的咖啡。

我不是醫師或營養學家，但我的假設是，如果咖啡因集中在少量的液體裡，而不是分散在較大的容量裡，某些人的咖啡因新陳代謝可能比較快。另一方面，有位朋友告訴我，普通咖啡比濃縮咖啡更讓她睡不著，而且感到焦躁。

　　在缺乏一系列對照研究許多種濃縮咖啡與許多種其他咖啡，在每天不同時間單獨飲用，或者搭配食物飲用，會對生理造成何種影響時，沒有人能夠概括地說濃縮咖啡比美式咖啡造成更多的興奮。事實上，平均而言，或許是恰好相反。

　　等你太太平靜下來，再告訴她這整件事。

老　饕　廚　房

摩卡豆腐布丁
Mocha Soy Pudding

試試這種容易製作、幾乎立即可食、不需要烹飪的布丁，它綜合了豆腐的大豆，以及巧克力和濃縮咖啡的雙料咖啡因。也可以用卡魯哇咖啡酒（Kahlúa）代替咖啡。

■材料

一杯或者六盎斯半糖巧克力片

一盒（十二盎斯）盒裝豆腐，瀝乾

四分之一杯豆漿或全脂牛乳

兩大匙濃咖啡或濃縮咖啡，冷卻

一茶匙香草精

一撮鹽

1. 熔解巧克力，隔水加熱，或用微波爐。

2. 在果汁機裡放進豆腐、豆漿、咖啡、香草精與鹽。攪拌三十秒。

3. 倒入溶化的巧克力，再攪拌約一分鐘，呈柔軟滑順狀。冷藏一小時或更久。

龐大的一人份或正常的四人份。

無咖啡因咖啡和清潔劑有什麼關係？

無咖啡因咖啡裡使用的化學物真的安全嗎？
一位藥劑師告訴我，它們與清潔劑有關。

是的，有關；但並不相同。就像我和我的里恩叔叔；化學家族就像人類家族一樣，既有相似性，又有個人特性。

例如：咖啡因本身屬於強烈的植物化學物生物鹼家族，其中包括尼古丁、古柯鹼、嗎啡與番木鱉鹼之類的壞傢伙。話說回來，老虎與貓咪也屬於同一個大家族。製造無咖啡因咖啡時使用的二氯甲烷，與乾洗用的毒性四氯乙烯有關，但是大不相同。不過，它仍然不是貓咪。

依照你問的是誰而定，化學家在咖啡裡辨認出八百到一千五百種不同的化學物。正如你想像的，移除百分之一至二的咖啡因，但不破壞其他化學物的風味平衡，並不是簡單的事。咖啡因易溶於苯和氯仿之類的有機溶劑，但它們有毒，所以不能使用（不，氯仿不是靠著把你迷昏抵消咖啡因的影響）。

德國化學家路德維希‧羅塞魯斯（Ludwig Roselius）在1903年為了如何移除咖啡因而徹夜苦思，最後選定了二氯甲烷，它從此就是首選溶劑。它只會極少量溶解其他成分而且易於蒸發，殘留的二氯甲烷可以加熱趕走。羅塞魯斯的咖啡品牌叫作Sanka，這是從法文sans caffeine創造的新字。Sanka在1923年引進美國，在1932年成為通用食品公司（General Foods）旗下品牌。

二氯甲烷在1980年代被抨擊是致癌物質。它仍然被用來消除咖啡因，但是食品藥物管理局規定，最終產品的二氯甲烷含量不可以超過十萬分之一。業界消息來源指出，實際含量不到規定的百分之一。

綠咖啡豆在烘烤之前就先消除咖啡因。首先要蒸咖啡豆，把大部分咖啡因帶到表面，然後用溶劑洗濯咖啡豆，移除咖啡因。如果要「無咖啡因」，必須移除咖啡裡面百分之九十七以上的咖啡因。

也有人使用一種間接的萃取方法，有時候叫作水溶法：咖啡因──連同許多可口的味道與香氣──首先溶解在熱水裡（咖啡因當然會溶在水裡，否則我們就不用擔憂它出現在我們的杯子裡）。使用有機溶劑從水裡移走咖啡因，無咖啡因的水連同原來的味道送回豆子上面乾燥。溶劑從來沒有實際接觸到咖啡豆。

有趣的新變化是，使用有機溶劑醋酸醚取代二氯甲烷。因為水果，甚至咖啡豆本身都含有醋酸醚，可以說它是「自然的」。使用醋酸醚處理的咖啡，標籤上可能會宣稱「自然消除咖啡因」。但是不要被唬到。氰化物會「自然」產生在桃子的果核裡，使用氰化物處理桃子也可以同樣宣稱是自然的。

今天，許多無咖啡因咖啡靠著新近發展的製程，把咖啡因萃取到人們熟悉、無害的二氧化碳裡面，那是化學家所說的超臨界的二氧化碳，形式獨特；它不是氣態，不是液態，也不是固態。

還有巧妙的「瑞士水溶法」，洗濯咖啡豆的水裡面充滿除了咖啡因之外的一切咖啡化學物，所以只有咖啡因能夠從豆子溶解到水裡。

這些事情和你的超市咖啡有什麼關係？

首先，你可能會看到罐子上標示著「自然消除咖啡因」。這可能是說醋酸醚製程，或者什麼也沒說。難道一切東西不都是來自大自然嗎？我們有別的指望嗎？超自然消除咖啡因的咖啡？因為很多方法都用到水，不只是瑞士水溶法而已，所以「水溶法」也沒有多大意義。最好的忠告是，別管技術──它們都是安全的方法──依照客觀智性判準來選擇咖啡。

喝茶，別找碴了！茶到底有幾種？

我在一家餐廳要點飲料喝，有人拿了十幾種茶要我選，
包括小種紅茶、大吉嶺、茉莉、甜菊等等。
究竟有多少種茶？

　　一種。那是說只有一種——茶樹（*Camellia sinensis*）和一些混合品種——植物的葉子可以泡在熱水裡，成為真正的茶。依照產地還有其他因素，它們可能會有不同的名稱。

　　你看到的，例如甜菊之類的，某些「茶」包裡面沒有茶。它們含有其他種類的葉、草、花與調味料，可以浸在熱水裡面，形成應該叫作「植物浸汁」的浸泡液，但不幸地，這種成品也叫作「藥草茶」。

　　當你聽到「藥草茶」字眼的時候，應該會想到：「哇！藥草。天然又健康，好耶。」如果你願意的話，也可以用毒長春藤葉泡出植物浸汁。

　　真正的茶依照茶葉加工方式分成三類：未發酵的（綠茶）、半發酵的（烏龍茶），以及發酵的（紅茶），酵素會氧化茶葉裡的單寧酸化合物。在數量上占多數的紅茶之中，你會找到阿薩姆紅茶、錫蘭紅茶、大吉嶺紅茶、伯爵茶、英式早餐茶、祁門紅茶和小種紅茶。

　　至於其他的名稱，你就要碰運氣；它們可能是真正的茶，也可能是有人認為泡在熱水裡面應該很好喝的任何東西。後面那一類或許不會要你的小命，但是只有真正的茶經得起時間考驗，而且除了英國口音之外不會造成任何外顯的不良影響。

    老 饕 廚 房

新鮮薄荷浸汁
Fresh Mint Tisane

你有沒有Chemex咖啡壺或二戰後的雙層式濾滲咖啡壺？兩者都非常適合製作薄荷浸汁，薄荷把水變成鮮綠色，而且相當值得觀賞。香氣令人清新放鬆。

■材料

一兩把新鮮薄荷
沸水
隨喜好加糖

1. 清洗薄荷，放在溫熱的玻璃咖啡壺裡。加入沸水，稍微淹過薄荷。浸泡五分鐘。

2. 倒進玻璃茶杯，依照口味加糖，深吸一口清香氣息，再喝。

為什麼用微波爐煮沸的水來泡茶不好喝？

我用微波爐將水煮沸，泡茶來喝。
為什麼沒有直火煮沸的水好喝？

微波爐加熱的水就算看起來沸騰了，也不如水壺煮出來的水那麼熱。

泡茶的水必須滾燙，才能泡出所有的顏色與味道。例如：咖啡因在低於華氏一百七十五度（攝氏七十九點四度）的水裡就難以溶解。所以茶壺——如果你是一次泡一個茶包，那就是茶杯——必須預熱，以免熱水在泡茶期間冷卻太多。

如果水壺裡面有完全、激烈的沸騰，你就知道全部的水都是滾燙的——大約華氏兩百一十二度（攝氏一百度）。那是因為壺底受熱的水上升，被比較低溫的水取代；低溫的水受熱又上升，如此循環。所以整壺的水大致同時達到沸騰溫度，氣泡進一步使水混合，各部分水溫最後都相同。

但是因為微波透入的深度有限，只會加熱杯子周圍向內大約一英寸的水。杯子中央的水經過與外圍的水接觸傳熱，比較緩慢地加溫。當外圍的水抵達沸騰溫度而且開始冒泡，你可能會被騙，誤認整杯水都有那麼熱。但是平均溫度可能低了很多，你的茶就泡不出好味道。

使用水壺加熱的水比較好的另一個原因是，在微波爐裡面煮沸一杯水，就算不是危險的事，也是困難的事（參見第258頁）。

茶杯裡的褐色東西是什麼？

我用微波爐泡茶時，留在杯裡的褐色東西到底是什麼？

病人：醫師，我的手臂這樣彎的時候會痛。
醫師：那就不要那樣彎手臂。

你的問題有類似的答案：不要用微波爐泡茶。

微波爐煮的水不如水壺裡完全沸騰的水那麼熱。於是茶裡面某些咖啡因與丹寧（tannin）不會保持溶解狀態；它們會沉澱成爲褐色茶垢。

丹寧是廣泛的一類化學物，它們賦予茶、紅酒與核桃那種愉悅微酸的口感。它們叫作丹寧是因爲人們過去一直使用它來鞣製皮革。丹寧對你的舌頭與口腔「皮革」做的事情，就是稍稍鞣製它們。

我們喝的是含磷可樂嗎？

醫學研究指出，喝蘇打水的青少女骨骼比較脆弱，
研究人員推測那是因為「碳酸飲料裡含磷」。
碳酸飲料為什麼要含磷？

毫無關係。那篇文章不應該一竿子亂打。

所有的碳酸飲料都含有很多的磷，這是一種錯誤說法。所有的碳酸飲料只有一樣共同的東西：碳酸水，溶有二氧化碳的水。除了那個之外，它們含有許多不同的調味劑與其他成分。

它們之中有一些，包括可口可樂、百事可樂與其他可樂（蘇打裡面富含咖啡因的熱帶可樂果萃取汁），確實含有磷酸。它是磷的一種弱酸，就像碳酸水本身是碳的弱酸。所有的酸都是酸味的，磷酸是要增加酸度，提供一些味道調整甜味。磷酸也可以用來酸化並調味烘焙食品、糖果與加工乳酪。

關於弱化骨骼的影響：或許那個研究局限於含磷可樂。

即使如此，就像一朵玫瑰不算是夏天，一項研究也不夠證明可樂與骨骼之間的因果關係。

可口可樂可以洗掉鐵鏽？

我聽說水果茶粉可以清除洗碗機裡的各種積垢，

可口可樂能夠洗掉網球架上的鐵鏽。

我們到底喝了什麼？

　　我不知道你一向喝些什麼，但是，有很多飲料遠比可樂更加危險。

　　如果我的胃是肥皂垢或鐵鏽做成的，我才會關切這些。某種化學物對某種物質做了某些事，並不意味著它對其他物質也會做同樣的事。所以，化學家才不會閒著沒事做。

　　無疑就是水果飲料裡的檸檬酸溶解了洗碗機積垢裡面的鈣鹽。但是，給予我們美好、微酸……，強烈美味的也是檸檬酸。檸檬酸當然是柑橘屬水果裡面，完全天然而無害的成分。你或許也可以用檸檬汁來清洗洗碗機。

　　可口可樂裡面的磷酸可以溶解氧化鐵（鐵鏽）。網球架沒有特別之處，只不過因為時常使用，鐵鏽層比較薄。我不會把生鏽的老舊除草機扔到一大桶可口可樂裡試圖除鏽。

打嗝會造成全球暖化？

飲料裡的二氧化碳到哪裡去了？

別笑。這是個好問題。事實上，這個問題好到讓我親自思考全美在1999年消耗一百五十二億加侖碳酸軟性飲料與六十二億加侖啤酒的影響。你以為那些飲料裡的二氧化碳都到哪裡去了？它們最終經過天人交感之氣——說白了就是呼吸與打嗝——釋放進入大氣層。二百一十四億加侖的啤酒與碳酸飲料含有大約八十萬噸二氧化碳。哇！我想，那真是驚天動地的集體打嗝。而且，那還沒考慮到世界各地的打嗝大合唱。

為什麼要擔憂二氧化碳？它被認為是提高地球平均溫度的溫室氣體之一。沒錯，要測量行星的溫度可不容易。但是現代科學分析遠比派人拿著溫度計站在街角更先進。今天，很少人懷疑二氧化碳與人類活動造成的其他氣體真的在升高全球溫度。

以下就是溫室氣體效應的說明。太陽照射在地球的輻射與地球輻射回到太空的能量之間存在著天然的平衡。當陽光抵達地球表面的時候，大約三分之二被雲、土地和海洋吸收。有很多吸收的能量轉換——降級——成為時常被稱作熱波的紅外線輻射。正常而言，很大比例的熱波反射穿過大氣層，並且回到太空。但是如果大氣層裡面恰好存在反常之多的吸收紅外線的氣體——二氧化碳是最能吸收紅外線的氣體——某些熱波永遠無法脫離；它們被困在地球表面附近，而且使溫度升高。

我們應該因為害怕打嗝放出更多二氧化碳到大氣層，而停止喝碳酸飲料和啤酒嗎？幸好不必。

根據美國能源部公布的1999年數字顯示，飲料造成的八十萬噸二氧化碳排放量相當於美國燃燒汽油與柴油車輛排放的二氧化碳的百分之零點零四。和我們猛喝汽油相比，猛喝碳酸飲料只是滄海一粟。所以，請繼續喝個痛快。但是不要開車。

未開瓶的碳酸飲料的氣會跑掉嗎？

我妻子在大賣場購買了許多碳酸飲料。
她抱怨說，開瓶時已經走氣了。
沒開瓶的碳酸飲料會走氣嗎？

　　我的第一個反應是不會，除非密封的瓶子會緩慢地漏氣。經過廣泛的研究，包括打可口可樂的免費顧客服務專線，我發現那不只是有可能的，而且是很常見的。

　　在敦促接電話的和藹女士把適當的字輸入她的電腦之後，我終於得知塑膠可樂瓶（它們是用PET製造的寶特瓶）可以讓二氧化碳稍微穿透，長時間之後，穿過瓶壁擴散的氣體會多到降低飲料的發泡力。那就是為什麼──我又吃了一驚──許多碳酸飲料的塑膠瓶蓋上有保存期限。玻璃瓶當然是完全不透氣的。

　　那位女士說，塑膠瓶裝的正統可樂保持最佳風味的建議保存期限是九個月，健怡可樂的建議保存期限只有三個月。為什麼？我建議她：「試看看搜尋阿斯巴甜。」我們發現人工甜味劑阿斯巴甜有一點不穩定，會隨著時間失去甜味。

　　冷凍也會降低可樂的發泡力。以下就是我認為發生的事：飲料結冰的時候，膨脹的冰擠壓瓶子向外凸，解凍的時候瓶子可能仍然保持膨脹的形狀。那會造成更多空間讓二氧化碳從液體跑出來，降低飲料的發泡力。

　　這個故事的教訓是，一定要檢查碳酸飲料塑膠瓶上的保存期限。我到超市轉了一圈，發現可口可樂與百事可樂產品都有標示日期，但許多品牌除了無法解讀的條碼之外，並沒有標示日期。碳酸飲料全都應該儲放在陰涼的地方──熱會破壞口味──而且應該在開瓶之前徹底冷卻。

　　還有，如果你太太的供應商沒有小心地搬運碳酸飲料，或者飲料已經在供應商或她的儲物架上放了好幾年，飲料開瓶時很可能就像她的購物預算一樣乏善可陳。

沒氣的汽水可以重新充滿氣泡嗎？

有什麼最好的方法能避免碳酸飲料走氣？

將瓶蓋轉緊，保持冷藏就行了。你知道要那樣做，但是為什麼呢？

二氧化碳在我們的舌頭上爆裂小氣泡，帶給我們愉悅的感覺，所以我們的目標是保持剩下的二氧化碳全都留在瓶子裡。還有，溶在水裡的二氧化碳形成碳酸，帶給我們微酸的味道。緊拴的瓶蓋明顯會阻止氣體逸出。

液體的溫度越低，就能吸收且容納更多二氧化碳（或者其他氣體），其中原因最好是在基礎化學課程，而不是在食品課程裡討論。例如：你的碳酸飲料在冰箱時，可以容納室溫情況兩倍的二氧化碳。所以你打開溫暖的汽水或啤酒時，會噴出大量的氣體：瓶裡的氣體遠多於能夠溶解在溫暖液體之內的氣體。

超市和廉價商店銷售的幫浦式氣泡保持器是怎麼回事？你知道的，就是像迷你腳踏車幫浦那樣的東西。你把那玩意兒旋緊在已經失去部分氣體的二公升飲料瓶上，推送活塞幾次，放進冰箱冷藏。下一次開瓶時，你會享用到你所聽過最讓你滿意的「咻！」，而且你可能會認為：「哈雷路亞！我的汽水重生了！」

但是你猜怎麼著？瓶子裡的二氧化碳絲毫不會比你只是扭緊瓶蓋更多。你打進瓶子裡的只是空氣，而不是二氧化碳，而且空氣分子完全與二氧化碳分子的行為無關（行話：二氧化碳的溶解度只是由二氧化碳的分壓決定）。

幫浦式的小玩意兒只是花俏的栓子而已。別浪費錢！

為什麼開香檳時會噴出一堆泡沫？

開香檳時，泡沫常常噴得到處都是。
我討厭浪費，香檳為什麼會噴成那樣？

那瓶香檳無疑曾受到粗暴對待，且沒有給它足夠時間恢復。香檳必須在冰箱裡安靜休息至少一小時，然後輕輕取出再開瓶。

在現代社會裡，香檳反正不是拿來喝的。它是用在更衣室裡噴灑超級盃贏家的。我在這裡純粹出於科學與教育價值，記載這種泡沫洋溢的惡作劇的正確方法（不要在家裡嘗試這件事！）。首先倒出一點點香檳，讓你獲得更大的搖晃空間；然後用拇指按住瓶口，用力搖晃瓶身，拇指稍微向後滑——不是向旁邊滑！——以便精確瞄準，向前噴出一束集中的泡沫式液體。

我想說明的科學與教育重點是：液體噴出去的原因不是——再說一次，不是——因為瓶子裡的壓力增加。很多化學家與物理學家都沒認清這一點，但這是真的。氣體壓力在密閉搖晃的瓶子裡面確實會短暫上升，但只要你打開瓶子或移開手指，壓力就會降到與房間裡的氣壓相同，所以不是氣壓推動液體。無論如何，液體上方空間的氣壓怎麼會讓液體噴到瓶子外面呢？推動槍彈的火藥必須在槍彈後面，不是嗎？

搖晃瓶身之後鬆開拇指，液體為什麼會用那麼大的力量噴出來？答案在於，二氧化碳氣體從液體中極端迅速地釋出；噴水的力量就是那樣來的。就像氣槍從突然釋出的空氣獲得力量。搖晃瓶子使得氣體想要盡快逃離液體。在瘋狂衝刺時，氣體夾帶了許多液體一起逃出去。

以下就是說明。二氧化碳很容易溶解在水裡，但是溶解之後就很不願意離開。例如，你可以放一瓶打開的汽水、啤酒或香檳

在桌上，幾小時之後才會完全走氣。其中一個原因是，氣泡無法自然形成。氣體分子需要抓住某種東西，需要有吸引力的聚集地點讓夠多的分子集結，直到足以形成氣泡。叫作「成核點」的聚集地點可能是液體中微小塵粒，或容器內壁微小的瑕疵。如果可用的成核點很少，氣體就不會形成泡泡，保持溶解在液體中。所以飲料製造商使用高度過濾的水。

如果恰巧有成核點可用，氣體分子就會迅速聚集在周圍，形成微小的氣泡。隨著越來越多的氣體分子聚集，氣泡成長，最後大到足夠上升穿越液體而且在表面逃脫。

搖晃瓶子會從液體的上方空間把氣體捲進液體，形成無數的微小氣泡。這些微小氣泡是極有效的、現成的成核點，讓無數的氣體分子迅速聚集，形成越來越大的氣泡。氣泡越大就有越多表面積讓同儕氣體分子聚集，所以成長就越快。搖晃容器可以非常大幅度地加快氣體釋出，伴隨的爆發力足夠夾帶許多液體一起噴出。結果：這是件可以噴濕你的對手很有效的武器。

除了當作液態子彈之外，這些原理還有幾個承平時期的意義。

首先，你不必擔憂搖晃或者甩動沒打開的碳酸飲料會使它爆炸。搖晃確實會讓某些氣體跑到上方空間，但是沒有夠多的空間讓壓力增強。此外，在搖晃容器之後不久，所有的微小氣泡成核點都會上升回到上方空間，它們在那裡無法繼續做它們那種，請原諒我的用語，釋出氣體的壞事。但是不要打開剛剛搖晃過的容器，這時候氣泡仍然在液體裡面製造麻煩。但是請記住：即使香檳已經擺了很久，日內瓦公約嚴格禁止使用香檳軟木塞瞄準任何平民或戰鬥人員；軟木塞可能會造成嚴重傷害。

因為熱力會把某些氣體從液體趕到上方空間，溫暖的飲料開瓶時噴出的量比低溫飲料更多。那是另一個重點，香檳必須低溫保存。事實上，因為熱可以大幅度增加飲料容器上方空間的氣壓，以至於偶然有瓶子或罐子會在烈日曝曬下的車輛裡面爆炸。

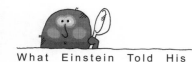
開香檳時要轉動瓶子，還是轉軟木塞？

有沒有打開香檳的好方法，不會讓我看起來像個笨蛋，
或好像用軟木塞攻擊天花板？

打開香檳的最好方法就是非常沉著地完成任務，讓你的客人以為你每天都在開香檳。在預期災難即將發生的情況下，是很難做到這件事的。所以，為了克服恐懼，請依照以下方法先用幾瓶廉價的發泡葡萄酒做練習。

首先，拆掉包住瓶口與軟木塞的金屬箔片。通常有一個小拉片幫助你乾淨俐落地完成，而不至於扯掉整個瓶頸的金屬箔片（依照我的經驗，要不是找不到拉片，就是它一拉就斷）。

一手牢牢握住瓶頸，拇指壓住軟木上方，以免飲料過早噴出的尷尬。另一手扭開瓶口基部的金屬線，拆掉金屬線。現在，握著瓶子的手移到瓶身的最寬部分，傾斜四十五度指向身體外側（後面還會談到）。另一手緊緊抓住軟木塞，而且轉動瓶子——不是轉軟木塞——直到軟木塞開始鬆動；用比較慢的速度繼續轉到軟木塞退出瓶子。如果遭遇冥頑不靈、拒絕移動的軟木塞，前後搖動來鬆開瓶子與軟木塞之間的黏力。

為什麼要轉瓶子而不是轉軟木塞？那個運動完全是相對的，牛頓和愛因斯坦應該都會同意，轉哪一個是無關緊要的。你可以拿整條土司在刀子上摩擦切片，不是嗎？但是請想一想：如果要把軟木塞轉出來，你的手指必須調整位置幾次，暫時放鬆你對軟木塞的掌控。在這之間，軟木塞就可能會失控噴出去，把酒灑到地上，讓你顏面盡失。

關於傾斜酒瓶：你當然不會讓酒瓶垂直，否則如果軟木塞噴出來，就有可能打中自己的臉。另一方面，如果酒瓶太接近水平

姿態，瓶頸會充滿液體，上方空間的氣體會流到瓶身形成氣泡。當你取出軟木塞釋放壓力時，氣泡會突然膨脹，噴出瓶頸部分的液體。四十五度仰角通常可以保證上方空間的氣體留在它應該待的地方，那就是瓶頸。

老　饕　廚　房

香檳果凍
Champagne Jelly

香檳不只能喝，也可以吃。這種要命好吃的甜點甚至可以捕捉香檳的味道與某些氣泡，真是入口即化。使用廉價香檳或氣泡葡萄酒。鋪上漿果或葡萄。

■材料

三又四分之一茶匙無調味吉利丁
一杯冷水
四分之三杯又三大匙糖
一瓶無甜味香檳（七百五十毫升）
一品脫覆盆子

1. 冷水倒進鍋中，撒上吉利丁，等它軟化，大約五分鐘。
2. 小火加熱，攪拌溶解，不要過度加熱。
3. 保留一大匙糖，其餘的糖加入水裡，移開鍋子。攪拌到糖全部溶解，拌入香檳。倒進平盤容器中，加蓋放進冰箱冷藏八小時，隔夜更好。
4. 食用前，將覆盆子加上保留的一大匙糖，輕輕攪拌。用叉子把果凍拌成小塊。
5. 六個果凍杯或高腳杯裡各放幾茶匙香檳果凍，加入一些覆盆子。交互加入，最上面是覆盆子。冷藏。

六人份。

為什麼有些酒廠用塑膠瓶塞，而不是軟木塞？

有些葡萄酒使用塑膠「軟木塞」。
那是因為軟木塞短缺，還是另有原因？

我在軟木塞產量占世界一半以上的葡萄牙和西班牙旅行時，問過同樣的問題，但無法得到滿意的答案。就好像是詢問蠶寶寶關於人造纖維的事。

在美國，我得知為什麼許多酒廠轉用塑膠瓶塞。是的，塑膠瓶塞比頂級軟木塞省錢，但技術原因與經濟原因一樣重要。

我們在學校都學過，軟木是取自軟木橡樹。在想像成千上萬成熟的軟木塞掛在樹上之後，我們失望地被告知，軟木其實是從樹皮切下來的。

樹齡二十五年，成熟的軟木橡樹，樹皮被剝掉之後可以一再重生，所以軟木橡樹是可再生資源的模範。剝樹皮就是繞著樹幹或者大樹枝環切，沿著縱長方向切開，剝掉成片的樹皮。然後用水煮樹皮、疊起來壓平。我在葡萄牙看到綿延好幾英里的軟木橡樹林，每棵樹都有明顯的白油漆數字標記，顯示上一次剝樹皮的年分。在那之後九年，就可以再次剝皮。

觀察某些新剝樹皮時，我很高興地獲知我一直想要知道的事：樹皮厚度真的足夠瓶塞長度嗎？夠的，九年之後就夠。軟木塞是從壓平的樹皮垂直打孔形成的，就像切出又窄又厚的餅乾。

在使用軟木當做葡萄酒瓶塞的幾百年裡，存在一個惱人的問題。那就是葡萄酒的軟木腐味，這是在軟木塞的小部分區塊滋生，會影響葡萄酒味道的一種黴菌發出的腐味。現代酒廠的品管，尤其是大酒廠，已經把你的酒發生「軟木腐味」的機率降到百分之二至八之間。話雖如此，因為黴菌無法在塑膠上生長，使

用合成塑膠取代軟木是誘人的替代方案。

以下說明腐味是怎麼出現的。

在剝皮、挑選、儲存與加工期間，有很多機會讓黴菌生長。軟木塞成品通常經過氯溶液處理，以便消毒與漂白。但是氯不能殺死所有的黴菌，而且還有副作用——會把軟木天然的酚衍生物變成氯酚。倖存的黴菌，還有在從葡萄牙到加州的漫長海上旅程途中加入的黴菌，能夠把氯酚轉變成為臭氣很強的2, 4, 6－三氯苯甲醚，那個繞口的學名幸好可以簡稱作TCA。造成葡萄酒喝起來與聞起來有軟木塞腐味的就是TCA。只要十億分之幾的濃度就可以被嗅出來。

世界上有兩百多家酒廠不同程度地使用塑膠「軟木塞」（製酒業叫作合成瓶塞）。Neocork與Nomacorc公司用射出成型法生產數以百萬計的聚乙烯瓶塞，SupremeCorq公司用模製法生產塑膠瓶塞。

相對於軟木塞，塑膠瓶塞有什麼優劣點呢？塑膠瓶塞似乎可以通過防漏、阻擋氧氣，還有易於印刷的考驗——很多酒廠在軟木塞上印刷行銷訊息。因為塑膠瓶塞問世不久，還沒做熟化研究，大部分酒廠使用塑膠瓶塞封裝不需要陳年釀製的酒——例如在裝瓶後六個月之內飲用。Neocork公司聲稱它的塑膠瓶塞可以耐用十八個月之久。

當美食家以高昂代價購買頂級葡萄酒的時候，通常不希望看見廉價的新花樣。為了避免被人瞧不起，有些酒廠引進軟木塞形狀的塑膠瓶塞，甚至還有——你能相信嗎？——某些頂級葡萄酒是用塑膠螺旋蓋來封口。說來說去，鋁蓋或許是最好的瓶蓋；它不漏氣、永不生黴，開瓶不需使用工具。

侍者為什麼要把開瓶的紅酒軟木塞交給客人？

在餐廳裡，侍者打開紅酒，把軟木塞放在桌上。
我該怎麼做？

沒有人期待你去發現它有沒有發黴的證據。現代很少有那種事。而且，倒出少量的酒讓紳士或淑女認可時，只要晃兩圈嗅一下，就能知道一切必須知道的事。如果酒的氣味與口感都很好，誰在乎軟木塞是什麼氣味？

如果你就是忍不住聞東聞西的衝動，那就聞一聞還沒裝酒的杯子。如果有像消毒水或肥皂或任何其他東西——乾淨的杯子是沒氣味的——請他們換杯子；除非你點的是廉價葡萄酒，否則肥皂是不可能改善酒味的。

但是，你或許可以瞄一眼軟木塞，看它的下半部是不是濕的（如果是紅酒，看它有沒有染色）。那意味著，這瓶酒是正確地橫放儲存，軟木塞一直是潮濕的，以保持緊密不漏氣。

依據歷史，餐館把軟木塞交給顧客，是爲了與偵測腐味完全不同的原因。這個做法始於十九世紀，當時有些昧著良心的商人習慣用廉價酒冒充高價酒。製酒商的對抗之道是在軟木塞上印刷廠牌，證明貨眞價實。而且，從那個時候開始，紅酒當然都得在顧客面前開瓶。

與其冒著侮辱優良餐館的風險，猛嗅軟木塞，或者戴上眼鏡仔細檢查軟木塞，還不如忽略它。我喜歡在上菜的空檔之間把玩軟木塞，但在更古早的時候，我會點一枝香菸。

有些酒廠使用相當強韌的塑膠製造「軟木塞」，讓你和你的開瓶器大為辛苦。檢查你的開瓶器尖端是不是真的很銳利。如果不是，用銼刀磨利，就可以輕易刺進即使是最強韌的「軟木塞」。

你的一滴是他的一桶，幾杯酒算是「適量」？

> 我知道攝取適量酒精可能對心臟有益。
> 但是，什麼是「適量攝取」？

對於這個問題，常見的閃躲回答是：「每天一份或兩份。」但是，究竟什麼是「一份」？一瓶啤酒，一杯葡萄酒，或是滿滿一杯六盎斯馬丁尼？酒有大杯小杯，還有烈酒和淡酒。某人的一份對別人來說，可能就像一滴或是一桶。

如果你在家裡習慣隨意倒一份威士忌到杯裡，隨著歲月流逝，那一份可能越來越大。在餐館裡，那個要不是大方，就是小氣的酒保究竟給你多少酒精？簡言之，「一份」裡面到底有多少酒精？

自從食品藥物管理局公布最新的「美國人民飲食指導綱要」（2000年的第五版；每五年修訂一次），那就是人人──好啦，至少是我──心頭的問題。我打算此時此地回答那個爭論不休的問題。

就像他們在收音機裡說的，請先聽這一段訊息。

在警告過量飲酒可能導致意外事故、暴力、自殺、高血壓、中風、癌症、營養不良、新生兒缺陷，以及損害肝臟、胰臟、大腦和心臟（真多！）之後，食品藥物管理局的綱要明白陳述：「主要是在四十五歲以上的男性與五十五歲以上的女性人口之中，適度飲酒可能降低心臟病的風險。」（但是，各位大學生，綱要也說：「適量飲酒對年輕人提供極少或者沒有提供健康益處。」事實上，它補充說：「越年輕開始飲酒，酗酒的風險越高。」）

2000年7月6日的《新英格蘭醫學期刊》（*New England Journal of Medicine*）提到，從1980至1994年追蹤研究八萬四千一百二

十九位女性後發現，適度飲酒的女性罹患心血管疾病的風險比完全不飲酒的女性低百分之四十。類似研究時常上頭條新聞。依照這份研究報告的說法，結論似乎顯然是：無論男性或女性「適量攝取酒精與較低的心臟病罹患率有關」。

適量攝取酒精？飲酒過量？這些究竟是什麼意思？

為了幫助街頭的——或者酒吧裡的——芸芸眾生，食品藥物管理局的報告扼要地說：「適量攝取」是「女性每天不超過一份，男性每天不超過兩份。」造成差異的原因與大男人主義無關，而是因為兩性體重與新陳代謝的差別。

如果「一份」的意義隨你喜歡而定，那仍然沒有用處。身為良好的科學家，醫學研究者永遠不會用「一份」的說法，而是多少公克酒精，酒精才是真正重要的東西。不同的研究把「適量攝取」——女性每天一份——定義成十二至十五公克酒精（有趣的是，其他國家的「一份」可以從英國的八公克到日本的二十公克）。十二至十五公克的酒精大約是十二盎斯的啤酒、五盎斯的葡萄酒，或者一點五盎斯的八十度蒸餾烈酒。但是，如果你向酒保要一份含有十五公克酒精的酒，他們會認為你已經喝太多公克了。

於是，最重要的問題是：你怎麼知道你的「一份或兩份」裡面有多少公克酒精？

其實很簡單。要找出飲料裡有幾公克酒精，只需要把酒精飲料的液量盎斯乘上酒精的體積比例（蒸餾酒是「酒度」〔proof〕的一半），然後乘上一個液量盎斯的cc數以及每cc酒精的密度，再除以一百。完全沒問題，我已經替你解決了算術。以下就是算式：要找出一份飲料有多少公克酒精，用液量盎斯數乘以酒精百分比，然後再乘零點二三。

例如：一點五盎斯八十度（百分之四十酒精）杜松子酒、伏特加酒或者威士忌，含有 $1.5 \times 40 \times 0.23 = 14$ 公克酒精。

對於喝葡萄酒的人：五盎斯百分之十三酒精的葡萄酒含有 5 × 13 × 0.23 ＝ 15 公克酒精。

對於喝啤酒的人：一瓶十二盎斯百分之四酒精的啤酒含有 12 × 4 × 0.23 ＝ 11 公克酒精。

但是你不能倚靠那些「典型的」酒精百分比。雖然大部分蒸餾酒的標準是八十度或者是百分之四十體積，但是也有九十度至一百度的烈酒。葡萄酒可能會從百分之七至百分之二十四（強力葡萄酒），啤酒可能會從百分之三至百分之九，甚或百分之十（麥芽啤酒）。

在家裡，閱讀標籤，然後倒出適量的酒。在餐館或酒吧裡，酒保永遠應該能夠告訴你倒出來的酒量以及酒精百分比。複雜的調酒就很難說了。

總而言之：如果你的健康良好而且打算喝酒，女性應該計算而且限制每天攝取十五公克酒精，男性三十公克。

知 識 補 給 站

優秀的酒保在調製與傾倒馬丁尼酒之前，一定會先冷凍酒杯。但依照我的經驗，他們全都做錯了。他們會在杯裡裝滿冰，還有一些水，以改善冰與酒杯間的熱接觸，擺上一兩分鐘。加水是錯誤動作。來自冷凍櫃的冰塊低於華氏三十二度，否則它就不是冰；但加進去的水永遠到不了華氏三十二度——水會減弱冰塊的冷卻力。在家裡喝馬丁尼時，酒杯裡放一些冰塊，但不要放水。冷凍櫃裡拿出來的冰塊比冰點低華氏八至九度。不要擔心良好的熱接觸，冰塊碰到酒杯時，多少會融化一點。

    老 饕 廚 房

特調瑪格麗特
Bob's Best Margarita

這種瑪格麗特的甜味順口，每份含有十六公克酒精。

■材料
猶太鹽
一盎斯新鮮萊姆汁
三盎斯金快活龍舌蘭酒（Jose Cuervo Especial tequila）
一盎斯 Hiram Walker 橙皮酒
小冰塊或碎冰

1. 手指浸在萊姆汁裡，沾濕兩個馬丁尼酒杯的邊緣外側。杯口在鹽裡滾一圈，讓外側黏上鹽粒，以避免鹽粒掉進酒裡。放在冷凍櫃裡備用。
2. 液體材料倒進調酒器，加入冰塊，用力搖晃十五秒，倒入酒杯。

可以調製兩杯瑪格麗特。每杯含有十六公克酒精。

沒有標示酒精百分比的啤酒代表不含酒精？

啤酒標籤有時會寫出酒精百分比，有時沒有。
有任何法律規定嗎？

美國聯邦政府以前禁止酒商在啤酒標籤上列出酒精百分比，以免民眾依照酒精含量選擇飲料。但現在不是那樣了。

廢除禁酒令之後，1935年，聯邦酒類管理局害怕酒商之間爆發「濃度戰爭」，所以禁止標示啤酒的酒精含量。諷刺的是，大約六十年之後，淡啤酒與低酒精含量啤酒日趨流行，酒商希望有權利宣稱他們產品酒精含量是多麼的少，於是他們挑戰「不准說」法令。美國聯邦最高法院在1995年判決，標示禁令干擾了釀酒商的言論自由，違反了美國憲法第一修正案。

此處引用2000年4月1日修訂的美國聯邦法規第二十七編〈酒精、菸草產品與火器〉第一章〈財政部酒精、菸草產品與火器管理局〉第七節〈麥芽飲料標籤與廣告〉第三小節〈麥芽飲料標籤規定〉第7.71款〈酒精含量〉第一目：「除非州法禁止，酒精含量……可以陳述在標籤上。」

因此各州明白獲得許可，如果願意就可以否定聯邦法規；但葡萄酒與蒸餾酒就不行了，聯邦政府對它們有最高管轄權。你可以想像，各州的啤酒標示法規都不相同。

我從啤酒學會獲得資訊，摘要敘述全美五十州、哥倫比亞特區，以及波多黎各啤酒標示法規的瘋狂拼圖。依照我的計算，大約有二十七個州仍然禁止標示啤酒酒精含量，四個州要求標示酒精含量低於百分之三點二的啤酒，其他州要不是似乎不關心，就是擁有非常複雜的法規，使你好奇立法者本身的酒精含量（明尼蘇達州贏得複雜度冠軍）。就我的了解，阿拉斯加既禁止標示又要求標示酒精含量。

「無」酒精啤酒就是指不含酒精？

無酒精啤酒裡有沒有酒精？

美國聯邦法規第二十七編第七節……說：「『低含量酒精』或『減量酒精』的用語，只可以用在酒精體積含量低於百分之二點五的麥芽飲料。」而無酒精啤酒的酒精體積含量必須低於百分之零點五。

體積含量？是的，體積含量。那也是相當晚近的一個改變。有些釀酒商習慣使用重量百分比表示酒精含量：一百公克的酒裡面有若干公克酒精。其他的廠商習慣使用體積百分比表示酒精含量：一百毫升的酒裡面有若干毫升酒精。但是美國聯邦法規第二十七編……再一次介入：「酒精含量應該使用體積百分比，而非重量百分比表示……。」那真不賴，因為葡萄酒與蒸餾酒的酒精含量都用體積百分比表示，所以資訊現在都一致了。

第八章 | 微波大驚奇

關於微波爐的10個科學謎題

從石器時代到二十世紀初，人類在需要烹飪時生火。二十世紀初，人們已經學會在廚房火爐上用火，稍後就把火燄封閉在烤爐裡。但每個廚子仍然必須放進燃料點火，才能烤豬或是燒開水。

不見得必須這樣。如果我們能夠在偏遠的地方生起巨大火勢，捕獲它的能量，然後像送牛乳一樣直接送到成千上萬的廚房裡呢？透過神奇的電，我們今天做得到。

人類在一百年前才學會如何在中央廠房燃燒大量的燃料，使用火的熱力燒水而且製造蒸氣，使用蒸氣發電，然後輸送電能經過幾百英里的銅線抵達成千上萬的廚房，成千上萬的廚子可以把電轉變成熱，用來烤、煮、炙、烘等等。全都來自單一的一團火。

首先，我們使用可輸送的火取代瓦斯，照亮我們的街道與大客廳（那是有大客廳的時代）。1909年，奇異電器公司與西屋電器公司推出烤麵包機，電力從此進入廚房。接著就是電爐、電烤箱、電冰箱。今天，我們要弄出一頓飯不可能不用到電烤箱、電爐、電燒烤器、打蛋器、攪拌器、果汁機、果菜機、咖啡機、電鍋等。

那是人類使用能量來從事烹飪的故事終點嗎？直到五十年前，那一直是終點；但之後發明了新式、不用火的方法來產生烹飪所需的熱：微波爐。很少人了解微波爐嶄新的工作原理，因此很多人畏懼微波爐。有些人仍然畏懼而且不信任他們的微波爐，雖然微波爐無所不在，但它仍然是最令人困惑的家電用品。沒錯，微波爐使用電力，但是它靠著從來沒有夢想到的方法加熱食物，甚至微波爐本身還不用變熱。微波爐是一百多萬年以來第一種新的烹飪工具。

我收到關於微波爐的問題，或許是最多的一類。以下是大家最常問的一些問題。希望我的回答能夠提供關於微波爐足夠的了解，讓你能夠回答自己想到的問題。

微波爐是一種核子反應爐？

到底什麼是微波？

在家裡掌廚的人對於微波爐的焦慮多到了使人以為微波爐是廚房裡的核子反應爐。某些烹飪書的作者更推波助瀾，他們似乎不知道微波與輻射線的差別。沒錯，微波與輻射線都是輻射，但是帶給我們電視節目的電視機也有輻射。很難說哪一種是應該避免的。

微波是與無線電波一樣的電磁輻射，但是微波的波長比較短，而且能量比較高（波長與能量有關，波長越短能量就越高）。電磁輻射是以光速穿過空間的純粹能量波。事實上，光線本身就是比微波波長更短，能量更高的電磁波。某種輻射的特定波長與能量賦予那種輻射特定性質。因此，你不能用光線煮東西（但是請看第298頁），而且你不能用微波照明看書。

產生微波的是一種叫作磁控管的真空管，只要磁控管還在運行，它就會把微波射進密封金屬盒子式的微波爐，讓微波在裡面不斷反射。磁控管是依照微波輸出功率分級的，通常是六百至九百瓦（這是微波的功率，而不是微波爐消耗的功率，後者比較高）。

那只是故事的一部分。微波爐的加熱能力，也就是完成工作的速度，取決於微波爐內部每立方英尺有多少瓦的功率。如果要比較微波爐，就用微波的瓦數除以立方英尺數。例如，一台八百瓦、零點八立方英尺的微波爐具有$800 \div 0.8 = 1000$的相對加熱能力，那是很典型的數字。因為不同的微波爐具有不同的加熱能力，所以食譜無法明確說出某一道微波手續要多久時間。

老舊破損的微波爐可能會漏出足以造成災害的微波，但現今設計良好的微波爐極少會漏出微波。不僅如此，磁控管在開門的瞬間就會停止，像關燈一樣。而玻璃門呢？微波能夠穿透玻璃，但不能穿透金屬，所以玻璃門覆蓋了透光的多孔金屬片，讓你能夠看見裡面的運作，但微波波長無法穿過金屬片小孔，所以不會外漏。接近運作中的微波爐會有危險，是沒有根據的說法。

微波的熱力是從哪裡來的？

微波如何產生熱？

別想在烹飪書裡找到這個問題的答案。

我收藏的大量烹飪書之中，包括專門談微波烹飪的，除了一本之外，其餘不是迴避這個問題，就是提供同樣誤導的答案。迴避問題只不過加強了神祕盒子那種無益的觀點，但是傳播錯誤的答案就更糟了。

無所不在的越說越胡塗的答案是：「微波造成水分子互相挨挨擠擠，這樣導致的摩擦會生熱。」因為根本不涉及摩擦，這種錯誤資訊讓我很不舒服。水分子互相摩擦生熱的想法簡直傻透了。話雖如此，你甚至會在某些微波爐的使用說明書找到這種杜撰的摩擦故事。

以下是真正的答案。

食物裡的某些分子——尤其是水分子——舉止就像微小的電磁鐵（行話：分子是電偶極，或者換句話說，分子帶有極性）。它們傾向於對齊電場的方向，就像羅盤的磁針傾向於對齊地球磁場方向。微波爐裡面頻率每秒二十四億五千萬週的微波會產生每秒逆轉方向二十四億五千萬次的電場。可憐的小小水分子徹底瘋掉，試圖跟上電場每秒反覆顛倒方向二十四億五千萬次。

在瘋狂反覆顛倒的激動之中，被微波增加能量的分子碰到鄰近的分子而且撞得它們到處跑，有點像是爆炸的玉米穀粒造成鄰居四處飛散。受到撞擊之後，原本靜止的分子變成快速移動的分子，而快速移動的分子就是高溫的分子。於是微波造成的分子反覆顛倒就被轉換成普遍散布的熱。

請注意，我沒有在任何地方提到分子之間的摩擦。容我冒昧提醒各位，摩擦是阻止兩個固體表面互相滑過的阻力。這種阻力

會消耗一部分運動的能量，因爲能量不會憑空消失，所以消耗掉的能量必須出現在別的地方。於是它以熱的形式出現。那對於高摩擦的橡膠車胎或者低摩擦的冰上曲棍球圓盤都說得通，但是微波爐裡的水分子不需要某一種分子按摩使它發熱。它只需要被吞了微波之後翻筋斗的鄰居踢它一腳就會發熱。

　　說來奇怪，微波爐不是很擅長於熔解冰塊。那是因爲冰塊裡的水分子被很緊密地固定在硬邦邦的框架裡（行話：結晶格子），所以它們雖然很想，卻不能隨著微波的振盪而來回翻轉。當你在微波爐解凍食物的時候，你加熱的大部分是食物中不是冰的部分，然後熱量流入冰晶體融化冰塊。

知　識　補　給　站

如果你使用塑膠海綿擦拭洗碗槽和流理臺，應該不時消毒海綿；處理過生的肉類之後，流理臺尤其應該消毒（其實，你應該使用拋棄式蠟紙）。你可以用水煮沸海綿，但更快速的方法是，把濕淋淋的海綿放在盤子裡，用微波爐高熱加溫一分鐘。海綿會變得非常燙，所以要小心拿出來。有些人用洗碗機清洗海綿，但許多洗碗機無法達到消毒溫度。

微波的食物為什麼不可以馬上吃？

微波過的食物為什麼必須先放一會兒？

微波和頻率高很多而且能量更高的電磁表親 X 光不同，微波最多只能透入食物一英寸左右；在那個深度之內，微波的能量完全被吸收，變成熱量。那就是食譜與微波爐使用說明書強制要求「蓋上並等待」的原因：外圍的熱需要時間進入食物內部。就算微波爐的說明書沒規定，食譜通常也會告訴你，在繼續加熱之前應該稍等一下，並且攪拌食物。其中原因相同。

熱以兩種方式傳播。首先，食物裡面最熱的分子撞擊鄰近比較不熱的分子，轉移一部分動能——熱——給後者，於是熱量逐漸深入食物內部。

其次，很多水分其實會變成蒸氣，蒸氣在食物裡面擴散的時候沿途傳出熱量。所以大部分的微波加熱都使用不嚴密加蓋的容器；你要保持蒸氣在容器裡，但不要因為壓力增高而爆開。前面的兩種傳播過程都不快，如果熱量沒有足夠的時間均勻分布，最後食物就會冷熱夾雜。

幾乎所有的食物都含有水分，所以幾乎所有的食物都可以用微波加熱（但不要試圖微波加熱乾香菇）。除了水之外的某些食物分子，尤其是脂肪與糖，也可以用微波加熱。所以，微波加熱培根的效果良好，而葡萄乾蛋糕的蛋糕部分雖然只是溫的，但裡面的葡萄乾可能會燙破舌頭。

你應該小心處理含脂肪與糖的食物。很燙的水分子會成為蒸氣跑掉，但很燙的脂肪分子與糖分子會留在原地，造成意外災害。那也是為什麼最好等一段時間，讓蒸氣平靜下來，熱量平均散布，再將微波過的食物拿出來享用。

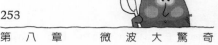

為什麼微波時要讓食物旋轉加熱？

我的微波爐為什麼走走停停？

為什麼加熱時還得不停旋轉食物？

　　這是正常現象。磁控管時開時關，好讓熱量有時間分散到食物的各個部分。當你把微波爐設定在部分「全功率」時，調整的不是磁控管的輸出功率；它只能在設定的全功率運行（後文說明）。你設定的是磁控管運行的時間比例。「百分之五十功率」就是說有一半的時間在運行。時有時無的嗡嗡聲是磁控管冷卻風扇的聲音。

　　在某些比較精密的微波爐裡，有程式設定各種不同程序的開關時間，以完美執行特定的工作，例如「加熱剩菜」、「加熱烤馬鈴薯」、「解凍蔬菜」，還有最重要的「爆玉米花」。

　　此外，微波爐方面相對比較新的發展是「轉換器技術」。微波爐不是時開時關，反而是真的發出連續、較低的功率，進行更均勻的加熱。

　　食物旋轉的原因是，很難設計出在爐內完全均勻分布微波強度的微波爐，讓每個位置的食物都受到同樣的加熱。不僅如此，微波爐裡面的食物會吸收微波，擾亂本來存在的某種程度的均勻分布。你可以在廚房用品店買到廉價的微波感測器，放在爐內的不同位置，觀察它在各個位置記錄到的不同微波強度。

　　解決之道是讓食物旋轉，以抵消微波強度的不均勻性。大部分的微波爐都有自動轉盤，如果你的微波爐沒有轉盤，許多食譜和冷凍食物的解凍說明書都會告訴你，在加熱途中，必須調整食物位置。

什麼樣的金屬能安全微波？

金屬為什麼不可以放進微波爐？

鏡子會反射光線，金屬會反射微波（雷達這種微波會從你超速的汽車表面反射，破壞你的約會計畫）。

如果微波爐裡的東西反射太多微波而不是吸收微波，磁控管就可能會受到損壞。微波加熱時，爐內永遠應該有東西吸收微波。絕對不可以讓它空轉。

除非你擁有電機工程的學位，否則微波爐裡面的金屬行為是不可預測的。微波會在金屬裡面建立電流，如果金屬太薄，它可能無法承受電流，變成紅熱而熔化，就像超載的保險絲熔掉一樣。如果金屬物體有銳角，它可能會像避雷針一樣在尖銳的地方聚集非常多的微波能量，發出閃電一般的火花。

另一方面，微波爐的設計工程師可以設計出不會造成麻煩的安全形狀與尺寸，所以某些微波爐附有金屬製的盤子與架子。

一般人很難預測什麼形狀與尺寸的金屬是可以安全微波的，我的忠告是絕不要放金屬物體進微波爐。附有金屬飾邊的花俏盤子也在禁止之列。

麵包脆粒
Microwaved Bread Crumbs

特殊微波容器的金屬表面在加熱後會變得很燙，可以褐化與它接觸的食物。但通常微波能量會被食物吸收，不會在表面造成褐化反應。所以別想在微波爐裡製作焦褐的麵包脆粒或烤土司。但如果麵包粒混合了油，就可以褐化處理。油會吸收微波，「油炸」麵包粒。手邊如果剩下幾片隔夜土司，覺得丟掉太可惜，就可以用來製作麵包脆粒。撒在義大利麵或蔬菜沙拉上都很好吃。

■材料
兩到三片厚片土司，去皮
兩茶匙橄欖油
一撮粗鹽

1. 將土司撕成幾片，放入食物料理機。緩緩注入橄欖油，絞碎至預期的顆粒大小。加入鹽，略微混合。
2. 麵包粒倒入微波容器，鋪成薄層。不加覆蓋，高熱力加熱一分鐘。略微攪拌，再加熱一分鐘，或加熱到呈褐色。如果麵包粒較大，過於潮濕，再用微波加熱三十秒。比較小的麵包粒容易過度加熱，要仔細觀察。可做滿滿一大杯。

「安全」的微波容器其實並不安全？

什麼樣的容器是「微波安全」的？

原則上說，答案很簡單：容器的分子沒有「極性」就不會吸收微波。那樣的分子遇到微波時，文風不動也不會發熱。但實際上，答案不是那麼簡單。

令人意外的是，被認為法令多如牛毛的美國社會裡，似乎沒有政府或業界定義的「微波安全」（microwave safe）。我試圖從美國食品藥物管理局、聯邦貿易委員會，還有消費產品安全委員會找出定義，卻一無所獲。我也無法從任何一家「微波安全」產品製造商得知他們為什麼宣稱產品是微波安全的（告他！）。

我們似乎必須靠自己。以下有一些指導原則。

金屬：我已經解釋過為什麼要避免將金屬放進微波爐。

玻璃與紙：玻璃（那是指標準的廚房用玻璃，不是昂貴的水晶玻璃）、紙和羊皮紙永遠是安全的，它們一點也不吸收微波。含鉛量很高的水晶玻璃會吸收微波到一定程度，可能會變得溫暖。在比較厚的水晶玻璃裡，熱可能會造成應力，導致破裂。最好不要拿那種昂貴的東西碰運氣。

塑膠：塑膠不會吸收微波。吸收微波的食物可能會變得很燙，而容器都會從食物吸收熱。某些塑膠製品，例如很薄的塑膠袋、塑膠軟管，還有苯乙烯外帶餐盒，可能會被食物的熱溶化。塑膠冰箱儲物盒可能會扭曲變形。必須從經驗中學習。

陶瓷：陶瓷杯盤通常沒問題，但某些杯盤可能含有會吸收微波的金屬。如果沒把握，把嫌疑犯和裝水的玻璃杯一起放在微波爐裡測試。如果測試物變熱了，就不能在微波爐裡安全使用（那些水是用來吸收微波，以避免空爐運轉問題）。

　　讓我們的生活變得更複雜的是，某些陶器雖然是完全無害、不吸收微波的黏土產品，卻可能在微波爐裡破裂——表層的釉因為長期使用而剝落裂開，清洗杯子時，水可能會滲入陶土細孔或氣泡。一碰到微波，裡面的水會沸騰，蒸氣壓力就可能會崩裂陶器。雖然那很少發生，但最好不要在微波爐使用有裂損細縫的傳家之寶。

知　識　補　給　站

「微波安全」是指容器不會因為吸收微波而變熱，但容器裡的食物會變熱，很多熱會傳到容器裡。容器從食物吸熱的效率決定了它會變得多熱，不同材料——不同的「微波安全」材料——的差異很大。從微波爐裡取出容器時，務必使用防燙套墊。打開容器時，提防困在裡面的高溫蒸氣可能瞬間衝出來燙傷你。

為什麼用微波爐煮沸水之後要放根湯匙？

我想用微波爐煮沸水，這麼做會造成危險嗎？

　　不一定。不，不太可能發生嚴重的事；但是，是的，你應該小心。經過微波加熱，但沒有完全沸騰的水，很可能是一個害人陷阱。

　　只有容器內部大約一英寸的水吸收微波能量，能量產生的熱必須擴散到內部，全部的水才會均勻達到沸點。熱擴散是很緩慢的過程，在看到整杯水沸騰之前，外圍的水可能會變得非常熱。

　　事實上，某一部分的水可能比沸點更熱，卻不沸騰；這就叫作「超熱」。分子需要便利的地方聚集足夠的分子，一起形成蒸氣氣泡（行話：分子需要「成核點」）才會沸騰；所以水——其實是任何液體——即使夠熱，也可能不出現沸騰。成核點有可能是水裡的微小塵粒或雜質、小小氣泡，或容器內壁的微小瑕疵。

　　假設你在潔淨光滑、毫無瑕疵的杯子裡面裝了清潔純淨的水，以至於完全沒有成核點。你把水放進微波爐，因為你在趕時間，你使用最大火力，強烈加熱外圍的水。在這些條件之下，你可能會在某些區塊產生超熱的水，它們很想有機會猛烈沸騰。

　　然後，在你拿出水杯時，因為晃動了水，給了它們那種機會。因為晃動，一部分過量的「超熱」有了機會進入稍微比較低溫、沒那麼想沸騰的水，使後者突然沸騰起來。這個擾動又回過頭造成超熱的部分也突然沸騰。結果就是出乎意料地猛冒氣泡，而且可能濺出高溫液體。

　　火爐加熱從來沒有發生那種延遲沸騰的原因是，鍋底的熱不斷產生微小氣泡與水蒸氣氣泡，可以當作成核點，根本沒有機會形成超熱。還有，底部受熱的水不斷升降循環，防止過多的熱堆

積在一個地方。

　　安全的做法是，不要一看見沸騰冒泡，就從微波爐裡取出水杯；否則，某些還沒沸騰的水可能出乎意料地開始沸騰。觀察水的加熱情況，在停止加熱前，讓它激烈沸騰幾秒鐘，然後取出水杯。你可以確定所有的水已經均勻混合，抵達沸騰溫度。

　　即使如此，永遠要小心地從微波爐取出高溫液體；液體仍有可能突然猛烈冒泡，水就溢出來燙傷你。我會放入一根湯匙，在水裡「觸發」可能的超熱部分，再把水杯拿出來。

　　接下去，你把茶包或者（唉！）即溶咖啡放進微波加熱的水裡，你會看見一些小氣泡，但那不是沸騰也不激烈——大部分是空氣。固體物質提供了本來不存在的成核點，這些地點釋放了早先溶解在冷水裡，但在短暫加熱期間來不及跑出來的空氣。

老　饕　廚　房

夏日翡翠冷湯
Jade Green Summer Soup

歸功於微波魔法，這道湯只需要煮十五分鐘。盛在白色或色彩亮麗的碗裡，撒上切碎的新鮮香草。加上少許特純橄欖油或酸奶油讓味道更為圓潤。

■材料
五杯雞湯
兩杯四季豆，切碎
兩杯長葉萵苣，切碎
兩杯綠色節瓜，切碎
兩杯新鮮豌豆，或一盒冷凍豌豆
一杯芹菜，切碎

半杯青蔥，切碎
四分之一杯西洋芹，切碎
鹽與現磨黑胡椒
新鮮香草，切碎
橄欖油與酸奶油，可以略去

1. 將雞湯、四季豆、長葉萵苣、綠色節瓜、豌豆、芹菜、青蔥
   與西洋芹倒入大玻璃碗裡。覆上紙盤，微波高熱煮十五分
   鐘，或煮到變軟。
2. 小心取出，稍微放冷；倒進食物料理機中，每次一杯，打至
   滑順。用鹽與胡椒調味。過濾冷卻後放入冰箱。供餐時，裝
   在冰過的碗裡。
3. 用切碎的新鮮香草裝飾。喜歡的話，加上橄欖油或酸奶油。

注意：如果用爐火加熱，將雞湯與蔬菜放在鍋裡，部分蓋上鍋
蓋，文火燉十五至二十分鐘。接著進行步驟2。

六至八人份。

微波加熱的食物為什麼比較容易冷掉？

微波加熱的食物比傳統烤箱加熱的食物更快冷卻，
原因何在？

這個答案可能簡單到了令你失望：微波加熱的食物可能一開始就沒那麼熱。

食物的種類、分量與厚度等因素都會影響食物在微波爐加熱的情形。例如：選定的加熱強度與時間不見得適合特定食物與容器，攪拌與旋轉不徹底，或者容器沒有加蓋防止蒸氣外逸。結果是，熱能不會均勻分布到食物的各部分。食物的外部可能炙手可熱，內部卻仍然是相對低溫——食物的整體平均溫度比你以爲的低，所以會更快冷卻到室溫。

另一方面，在傳統烤箱裡，食物被很熱的空氣包圍比較長的時間，熱能獲得充裕時間進入食物的各部分。因此，食物最終達到與烤箱內部氣溫相同的溫度（除非你故意烤半生不熟的東西），而且需要更長的時間冷卻。

還有一個原因。在傳統烤箱裡，烹飪器皿與烤箱裡的空氣一樣熱，會直接傳熱給食物。但是「微波安全」容器故意設計成不被微波加溫。因此，微波爐加熱的食物所接觸的器皿溫度比較低，會吸收食物的部分熱能。

  知 識 補 給 站

傳統烤箱加熱食物前必須預熱，熱空氣再把熱能轉移給食物。那是很慢，效率很低的過程。微波爐則不經過空氣或水的介質，直接把能量送進食物裡——而且只加熱食物。某些書上說：「因為微波很小，所以它行進很快。」這是胡說。無論什麼波長，所有的電磁波都以光速前進。「微波」是指波長非常短的無線電波。

微波新鮮豌豆和罐裝豌豆時有什麼不同？

> 我用微波爐加熱新鮮豌豆時，水會沸騰溢出容器；
> 但加熱罐裝豌豆時，水不會溢出。差別在哪裡？

　　微波能量主要是被食物裡的水分吸收。浸在水裡濕透的罐頭豌豆與周圍的液體大約是用相同速率吸收微波，而且大致上是相等速率加溫。當水開始沸騰時，你會認為豌豆已經煮熟，於是關掉微波爐，這時候豌豆大約也是水的沸點溫度。

　　另一方面，相對比較乾燥的新鮮豌豆不像周圍的水那麼容易吸收微波，所以水會先熱起來。相對低溫的豌豆使水不能均勻加熱。同時，豌豆就像是氣泡煽動者（行話：成核點），鼓動高溫地點的水熱烈冒泡。這些事全都發生在豌豆受到充分加熱之前，但你卻會誤認豌豆已經可以拿出微波爐。

　　試看看使用比較小的火力，讓微波爐間歇加熱食物，好讓水有時間傳播熱能，穿透整個豌豆。那樣一來，在水有機會沸騰溢出之前，就可以煮熟豌豆。

　　更好的是，買冷凍豌豆。廠商已經測試出使用微波爐加熱的最好方法，包裝上就有說明。

沒有任何烹飪方法能夠摧毀物質；不過，熱會摧毀維生素C。微波加熱並不均勻，食物的某些部分可能會達到比其他加熱方法更高的溫度，因而摧毀某些維生素。就算如此，偶然吃一些不含該種維生素的食物並不會造成傷害。在均衡的飲食中，不見得每種食物都必須含有特定維生素。

冷凍蔬菜微波加熱為什麼會燒焦？

我用微波加熱冷凍蔬菜時，微波爐裡突然冒出金屬火花，蔬菜甚至燒焦了！發生了什麼事？

發生的事情是，有很多鈔票將會轉手。噢，你是問你的微波爐？你的蔬菜裡面沒有金屬。我敢打賭，主要是胡蘿蔔被燒焦了，對嗎？以下或許就是發生的事情。

冷凍食物通常含有冰晶體。就像我稍早提到的，固態的冰吸收微波遠遠不如液態的水。所以微波爐的解凍熱力設定不會直接融化冰，而是短促發射微波加熱食物，在發射空檔留下時間讓熱能傳播而且融化冰霜。

但是你沒有選用「解凍」設定，對嗎？（或者你的微波爐沒有那個功能。）你把微波爐設定在高熱力固定加熱，就會把食物局部加熱到極高的溫度，卻沒有足夠時間讓熱傳遍各部分——那些局部熱點就被燒焦了。

為什麼是胡蘿蔔，而且為什麼會產生火花？（你會喜歡這個解釋的。）豌豆、玉米、毛豆都是圓的，但胡蘿蔔通常會切成邊緣銳利的立方體或長方體。那些邊緣比其他部分更快乾燥且燒焦。碳化的銳利邊緣或尖角就像避雷針的尖端會吸引電能聚集，避免電能轟擊其他地方（行話：導電的尖角會在本身周圍產生高度集中的電位梯度）。造成火花的就是胡蘿蔔吸引的高度集中的電能。

我知道這聽起來有點玄，但是很合乎邏輯。以前發生過這種事。下一次，選用微波爐的「解凍」設定或其他的低熱力設定，也可以在碗裡加夠多的水淹沒蔬菜。

說真的，你的微波爐並沒有被惡魔附體。

微波會改變食物的分子結構，這個過程叫作「烹飪」。所有的烹飪方法都會對食物造成化學變化與分子變化。煮熟的蛋當然擁有與生蛋不同的化學成分。

第九章

關於烹飪的17個科學謎題

烹飪工具與技術

現代廚師與其他的藝術家一樣，擁有形式上的調色盤與畫筆，一大堆特殊裝備讓傳統工作更容易完成，讓新的作業成為可能。現代廚房的配備可以從最簡單的研缽，到技術先進的烤箱、爐台，與各式各樣的機械與電氣用品。

從鑽木取火、火燒石頭與陶製土瓶，人類取得了極大的進步——以至於我們甚至可能不知道某些工具的工作原理。我們使用工具，時常誤用工具；但並沒有充分了解手中的工具。

微波爐只是一個開頭。現在和我一起走進廚房，那裡充滿了電磁感應線圈、熱光烤箱、電熱調節器，還有似乎比你更懂得烹飪的「電算」技術器材。這一路上，我們將會學到如何使用我們熟悉的老式煎鍋、量杯、刀子和奶油刷，以得到最佳的烹飪效果。

最後，我們會和漫遊仙境的愛麗絲一樣，在最適當的地方結束我們的旅行——地球上每天都會發生奇蹟之處——那就是廚房。

為什麼食物不會沾黏在不沾鍋上？

如果不沾鍋塗層不會沾黏任何東西，
它們怎麼附著在鍋子上？

　　黏結是一條雙向道。為了發生黏結，必須有黏結外物的東西和被黏的東西。其中至少必須有一個具有黏性。問題：在以下各組中，找出黏結外物的東西：膠水和紙。口香糖和鞋底。棒棒糖和小男孩。

　　很好。在每一組裡面，必須有一個是由喜歡黏結外物的分子構成的。膠水、口香糖和棒棒糖含有惡名昭彰的朝秦暮楚分子，幾乎任何東西都會成為它們熱愛的對象。化學家故意設計出黏著劑，對盡可能多的物質形成強大長久的結合。

　　但在遠遠相反的另一端就是──不沾鍋上的黑色塗層PTFE。無論潛在的結合伴侶是誰，它的分子就是拒絕去黏別人或被別人黏。那在分子吸引力的化學世界裡是極不尋常的事情。即使超級瞬間膠也黏不上PTFE。

　　PTFE究竟和其他分子有什麼不同之處？這個黏結的困難問題出現在1938年，在杜邦公司任職的化學家洛伊·普朗克（Roy Plunkett）調配出聚四氟乙烯的化學物，簡稱PTFE，杜邦公司使用鐵弗龍（Teflon）的商標將它推上市。

　　在工業界進行各種運用之後，例如不需要潤滑油的軸承，鐵弗龍在1960年代出現在廚房裡，當做不沾鍋塗層──因為完全不沾黏，清洗起來非常迅速。現在有許多不同名稱的產品，但本質上都是PTFE搭配不同方法黏在煎鍋上。可以想像，那可不是容易的事。我稍後會談到那件事。

　　首先讓我們了解，為什麼雞蛋會黏在普通煎鍋上。

　　物體主要是因爲機械的或化學的原因而互相黏住（或解除黏結）。雖然蛋白質分子與金屬之間有弱吸引力，但蛋黏在普通煎鍋上主要是靠著機械的方式；凝結的蛋白質抓住微小的凹凸與裂縫。用金屬鍋鏟刮擦煎鍋會讓情形更嚴重；即使在金屬表面的煎鍋上，我也使用有PTFE塗層的鍋鏟。

　　我們使用烹飪油以求盡可能減少機械式黏結。烹飪油會塡滿空隙，讓蛋漂浮在薄薄一層的液體上，以避開微小的凹凸（任何液體都可以，但需要使用大量的水才能長時間在鍋裡發揮作用，那種情況就是煮蛋而不是煎蛋）。另一方面，不沾鍋塗層的表面在微觀尺度上是極光滑的。它們幾乎沒有裂縫，食物沒有可以抓住的地方。玻璃與許多塑膠當然也有這個優點，但PTFE相當強韌，能夠承受高溫。

　　化學黏結也很重要。世界最強的黏結力，例如黏著劑，主要是因爲分子對分子的吸引力，這種吸引力需要透過化學戰才能解除。例如：油漆稀釋劑（礦物酒精）可以在機械式方法失敗後，清除你鞋底黏到的口香糖。

　　在廚房裡，煎鍋表面的原子或分子可以和某些食物的分子形成弱化學鍵。但PTFE分子的獨特之處在於它們不會和任何東西形成化學鍵。

　　以下說明原因。PTFE是兩種原子（碳與氟）依照四個氟原子對兩個碳原子的比例形成的聚合物。數千個PTFE分子結合在一起，形成巨型分子，看起來就像是長長的碳脊椎骨上冒出類似毛蟲身上的毛一樣的氟原子。

　　在所有的原子之中，氟原子只要能夠舒適地與碳原子結合，它就是最不願意和其他東西反應的原子。PTFE冒出來的氟原子有效地形成毛蟲裝甲，保護碳原子不和任何挨上來的其他分子起反應。包括蛋、豬排與蛋糕在內的一切東西都不會黏上PTFE，甚至大部分的液體也不能黏上PTFE沾濕它。在不沾鍋表面加入幾滴水或油，你就明白了。

　　這引出了他們怎麼讓塗層黏到煎鍋上的問題。你現在可以猜到，他們使用許多種機械方法，而不是化學方法造成煎鍋表面粗糙，以便噴上去的PTFE塗層得到良好的立足之地。技術上的大幅改進造成今天的不沾鍋遠遠優於過去容易刮傷剝落的薄薄塗層。某些製造商甚至敢讓你在煎鍋上使用金屬烹飪器具。

　　不沾鍋塗層有很多種，大部分仍然是用PTFE做基礎。其一是Whitford公司的神劍（Excalibur）製程。在神劍製程裡，白熱熔融的微小不鏽鋼液滴被噴灑在不鏽鋼煎鍋的表面。濺散的液滴會焊接到煎鍋上，造成崎嶇、鋸齒狀的表面。噴灑幾層以PTFE為基礎的物質，累積形成厚實堅強的塗層被微觀的鋼牙緊緊咬住。神劍製程只能用在不鏽鋼，但像杜邦的Autograph製程則可以用在鋁製鍋具上。

厚重的煎鍋品質比較好？

我想買高品質的多用途煎鍋，
應該如何選擇市面上種類繁多的產品？

首先，錢包抓緊一點，既然提到「高品質」，那可不便宜。

理想煎鍋可以均勻分配爐火熱力到煎鍋表面，迅速傳熱，對火力的調整做出迅速反應。這可以歸結到兩個性質：厚度與導熱能力。所以，你的目標是找尋能夠高效率傳熱的金屬厚鍋。

煎鍋的質量越大就能容納越多的熱，所以應該選擇厚重煎鍋。當你把室溫下的食材放進高溫的單薄煎鍋時，食材會從金屬搶走很多的熱，讓煎鍋降溫到最佳烹飪溫度之下。不僅如此，爐火的熱會在還沒擴散之前，就透過單薄煎鍋的底部抵達食物，造成食物的特定區域燒焦。反之，厚重煎鍋擁有足夠的後備熱力或「熱慣性」，不會受到這些變化影響，能維持穩定的烹飪溫度。

最關鍵的問題是它的導熱能力，好的煎鍋必須具有科學家所說的高導熱係數。為什麼呢？有三個原因：

首先，你需要煎鍋迅速有效地傳播爐火熱力到食物上。在傳熱很慢的玻璃或陶瓷鍋具裡，幾乎不能煎東西。

其次，你需要煎鍋表面每個部分都處於相同溫度，就算爐火不均勻，也可以讓食物得到同樣的熱。瓦斯爐有分立的火舌接觸鍋底的不同區域，而電爐的高溫金屬線圈間存在著低溫間隙；高導熱的鍋底會迅速扯平這些不均勻性。

第三，你需要煎鍋對火力的高低調整做出迅速反應。煎和爆炒就是不斷地保持食物處於高溫而不會燒焦，所以必須時常調整火力。高導熱金屬製造的煎鍋幾乎能立即對火力調整做出反應。

好啦，哪一種金屬最好？贏家是……銀！全世界最好的煎鍋是底部使用導熱性最好的金屬製造的煎鍋：銀鍋。什麼？你說你

買不起百分之九十二點五純度的銀製煎鍋？這個嘛，還有差距很近的第二名：銅，它的導熱能力是銀的百分之九十一。但飲食裡含有太多的銅是有害健康的，所以銅鍋的內部應該襯上毒性比較低的金屬。錫是長久以來的備選金屬，但是它不夠堅硬，而且只要華氏四百五十度（攝氏兩百三十二度）就熔化了。

現代冶金技術可以在銅鍋內部結合薄層的鎳或不鏽鋼。依照我的意見，你不可能找到比襯了不鏽鋼或鎳的厚重銅鍋更好的煎鍋。不幸的是，你可能必須典當別的廚具才買得起那種銅鍋。因為銅比鋁或不鏽鋼都貴，而且銅是難以加工的金屬，不容易大規模生產這種銅鍋，所以銅鍋是最昂貴的烹飪器具。

那麼，下一個金屬是什麼？是鋁。鋁很便宜，但導熱能力是銀的百分之五十五——在導熱大賽裡的表現仍然不俗。厚鋁鍋可以良好達成煎與爆炒任務，而且具有重量（密度）只是銅的百分之三十的優點。

但是（凡事永遠有但是），鋁容易受到食物酸性的侵襲，所以鋁鍋時常襯了抗酸內層，例如襯上18/10不鏽鋼——含有百分之十八的鉻和百分之十的鎳的一種合金。堅硬的不鏽鋼內層也克服了鋁的主要缺點：鋁相對比較柔軟。鋁易於刮傷，食物會黏在刮傷的煎鍋表面。

還有別的方法可以保護鋁。鋁的表面可以轉變成為一層密實堅硬、不起反應的氧化鋁。那個製程叫作「陽極處理」——讓電流通過浸在硫酸浴裡的鋁和另一個電極。通常是白色或無色，但可能被酸浴染黑的氧化鋁覆蓋層，既可以保護鋁的表面——氧化鋁比不鏽鋼硬百分之三十——也可以保護鋁免於酸蝕。但氧化鋁會受到洗碗精之類的鹼性化學物侵襲。陽極化表面也能抗沾黏，但不是真正的不沾鍋。真正厚重的陽極化處理鋁製煎鍋當然值得考慮。它至少應該有四毫米厚。

品質最低的是不鏽鋼煎鍋，不鏽鋼是常見煎鍋材料中最差勁的熱導體：效率只有銀的百分之四。新的不鏽鋼雖然閃亮美觀，

但我管它叫「不要臉鋼」，它號稱不會腐蝕或生鏽，但其實會；鹽會讓它形成凹痕，遇到高溫會變色。

銅、鋁和不鏽鋼的優點可以藉著金屬夾層來綜合，就像我們已經看到的──襯了不鏽鋼的銅鍋和鋁鍋。All-Clad牌的Master-Chef煎鍋擁有兩層不鏽鋼夾心的鋁製內層。他們的Cop-R-Chef煎鍋──鋁製核心內襯不鏽鋼，外面包銅，但銅只是裝飾用；它的厚度不足以和昂貴的法製純銅煎鍋競爭。上述煎鍋都可以選擇內部有不沾鍋塗層的產品。

最後，最便宜而且完全自成一格的，就是漫畫裡面妻子用來敲她們丈夫腦袋的老式黑色鑄鐵煎鍋。它既厚又重（鐵的密度是銅的百分之八十），但導熱力不良：只有銀的百分之十八。因此，鑄鐵煎鍋加熱緩慢，但只要熱起來──可以加熱到華氏兩千度（攝氏一千零九十三度）還不會變形或熔化──它就會頑強地保持熱力。那使它成為必須長時間保持均勻高溫的某些特殊用途的絕佳煎鍋。真正的美國南方人絕不會用任何其他鍋具製作炸雞。

你當然應該隨時備有鑄鐵煎鍋，好對付家禽和家庭糾紛，但那不是你探詢的多用途烹飪工具。

銳利的刀才是安全的刀？

> 廚房刀具的最佳放置方式是什麼？
> 我聽說磁性刀架會損壞刀刃。那是真的嗎？

不是。信不信由你，磁性刀架其實能更長期保持刀子銳利。

你可能注意到，放在磁性刀架上的刀子會被磁化（試試看，用刀子吸起鐵製迴紋針）。依據麻省理工學院材料暨工程系鮑伯·韓德利（Bob O. Handley）教授的說法，磁化的鋼會比沒有磁化時堅硬一點。可以磨成更銳利的刀鋒，而且保持銳利的時間更長。

但不要太篤定。製造刀刃的合金鋼有好幾種，其中幾種可能不會長期保持磁性。無論如何，硬化效應不可能很大。

另一方面，如果你不小心讓刀鋒撞到或劃過磁鐵，有可能會損傷你的刀子。那可能就是磁性刀架會讓刀鋒鈍化的故事來源。

如果擔憂從磁性刀架匆忙拿刀會損壞刀刃，那麼你可能應該把刀子放在流理臺上的木製刀架裡。有些人認為那才是真正最好的方法。但除了家事大師瑪莎·史都華（Martha Stewart）和收到結婚禮物的人之外，誰會有一整套完美分級的刀子收在訂做的木製刀架裡呢？木製刀架的缺點是凹槽難以清潔，不容易從外露的刀柄判斷該用哪一把刀。使用牆上的磁性刀架，你永遠可以正確挑選該用的刀子。

每一本烹飪教科書都指出：銳利的刀才是安全的刀，它不會從食物滑開而割傷手指。

市面上有很多良好的電動磨刀器與手動磨刀器，人們不再需要流傳久遠、耗費時間的磨刀石。但請注意：裝有兩套交疊式圓環的蠻力磨刀器會刮掉刀刃上的金屬，碎屑黏在刀刃上好像具有磁性（不推薦該種磨刀器，除非你喜歡越來越苗條的刀子）。金

屬屑並不好吃，使用那種磨刀器之後，應該用濕紙巾仔細擦掉金屬屑。因為磨掉的金屬顆粒可能小到看不見，所以如果你使用磁性刀架，無論用哪一種磨刀器，最好要用濕紙巾仔細擦拭。

黏乎乎的奶油刷該怎麼清洗才對？

> 我不會清潔奶油刷。一年來，我至少買了十隻奶油刷。
> 有任何建議嗎？

有的。適當地清洗刷子，不要用於其他用途。

刷過蛋汁或融化的奶油之後，除非徹底洗淨，奶油刷會變得黏乎乎、臭烘烘。用熱水浸濕，在肥皂上繞圈形成肥皂泡。將奶油刷抵住手心向下壓，讓肥皂泡深入刷毛。或在裝有熱水與洗碗精的容器裡上下抽動刷子。無論哪一種方法，用熱水充分清洗，徹底晾乾再收進抽屜。

關於損壞：不要像流行的烹飪雜誌一樣，將奶油刷與烤肉刷搞混。那是兩種不同的工具，設計來做兩種不同的事。

奶油刷的構造不能抗熱；用在烤箱或烤架上，為高溫食物刷油或醬汁，它們柔軟的天然豬鬃可能會溶化。反之，握柄比較長，具有比較硬的合成刷毛的烤肉刷能夠受熱而不溶化。

就像奶油刷不應該用來烤肉，烤肉刷太硬，不適合用於細緻糕餅。

知 識 補 給 站

五金店裡，粗糙木柄加上天然白色刷毛的廉價油漆刷，基本上與廚房用具店賣的昂貴奶油刷是一樣的。

兩把奶油刷（上）和一把烤肉刷（下）

普通的塑膠噴霧器可以用來自製烹飪油噴劑嗎？

為了減少脂肪使用量，我倒了一些油在噴霧器裡；
但它只會噴出一股充滿卡路里的油柱。
有更好的方法可以自製「烹飪油噴劑」嗎？

有的，有更好的方法。

普通的塑膠噴霧器是用來噴灑水性液體，不是油性液體。水比油「稀薄」（比較不黏滯），易於分散形成水霧。這種噴霧器的微弱壓力不足以像高壓噴霧罐一樣，迫使油類形成微小液滴。

烹飪器具店和郵購商店賣的「橄欖油噴霧器」非常適合給煎鍋噴油，給烤鍋「上滑油」，做大蒜麵包，噴灑沙拉蔬菜以及其他許多用途。把油倒進去，推送蓋子增壓。油很容易就可以噴出來，形成細小的油霧。

知　識　補　給　站

我在廚房裡放了一個小型噴霧器，用來進行許多潤濕的工作。枯萎的香料植物噴一點水就能恢復生氣。讓法國麵包恢復新鮮的最佳方法是，噴一點水，放進烤箱裡烤兩分鐘。上桌前噴一些水霧，菜色看起來更清新可口。必須等一段時間才能上桌的熱菜，經過噴水後看起來會更美觀。烹飪專家用這個方法讓食物在攝影機前看起來更可口。

滾動檸檬再微波加熱，就能擠出較多檸檬汁？

> 我時常製作檸檬蛋黃醬，需要很多新鮮檸檬汁。
> 有沒有擠檸檬的最佳方法？

你會在某些烹飪書和烹飪雜誌裡讀到，用手緊壓檸檬在流理臺上滾幾圈，就能多擠出一些檸檬汁。還有人建議用微波加熱大約一分鐘，也能達到同樣效果。這些行動聽起來非常合理，但我向來懷疑它們有沒有用。

我的朋友傑克發現一家超市正在拍賣檸檬，想到喝不完的瑪格麗特，他買了四十個，並且打電話給我報佳音。千載難逢的良機！我現在有機會進行我一直想做的實驗了。

依據我身為科學家的長期經驗，我知道向國科會提出申請是不可能獲得贊助的。於是我動用自己的預備金，沒有經過比價競標，甚至沒填採購單，就買了大量檸檬，開著豐田汽車親自送到我的實驗室——不，是送到我的廚房。

我想要探究使用微波加熱檸檬，或在流理臺上滾動檸檬，會不會真的擠出更多檸檬汁。我素來懷疑這類建議，它們和許多廚房教條一樣（就我所知），從來沒受過科學式的考察。我使用具備對照組的科學實驗進行嚴格測試。我的實驗結果可能會讓你大吃一驚。

以下就是我做的實驗，依照我在高中學到的科學實驗報告格式撰寫。

第一號實驗
過程

把四十顆檸檬分成四組（涉及的數學很容易）。第一組，用

八百瓦的微波爐加熱三十秒；第二組，用手心緊壓在流理臺上滾動；第三組，滾動檸檬而且用微波加溫；第四組是對照組，我什麼也沒做。

我稱了每個檸檬的重量，給予必要處理，切成兩半，使用電動榨汁器，測量得到的果汁量。然後比較每公克檸檬產出的果汁毫升數。

我不在這裡贅述有關重量、體積和溫度的細節，以及數據的統計分析。

結果與討論

四組檸檬之間沒有可測知的差異。微波加熱、滾動，或者滾動加上微波，都不會造成果汁產出的增加。

說真的，為什麼會增加？水果含有的果汁多寡取決於它的種類、生長條件，以及採收之後的處理。為什麼會有人期待給水果加溫或滾動水果可以改變果汁含量？那是我一向認為不合理的水果傳說之一，現在證明它是錯的。

但是電動榨汁器當然會幾乎完全榨出檸檬含有的果汁。或許滾動和加溫會讓果汁更容易跑出來；若用手擠，也許可以用同樣壓力獲得更多果汁。

第二號實驗

過程

把另外四十顆檸檬分成四組，盡可能地用力擠出果汁。當然，我得到比較少的果汁；平均而言，不到之前的三分之二。遠遠比我強壯的人，比如說，明尼蘇達州長無疑能夠擠出更多果汁。但我感到欣慰的是，我的力量或許大於典型的女性廚師。

結果與討論

手擠檸檬平均可以產生總果汁量的百分之六十一。微波加溫產生百分之六十五，滾動則是產生百分之六十六。在實驗誤差範

圍之內，三個結果是一樣的。我的懷疑再度獲得證實：無論是滾動或微波加溫，都不能顯著增加果汁分量。

以下才是讓人出乎意料的事：滾動之後用微波加溫，使檸檬變得非常容易擠汁，而且產出果汁總量的百分之七十七，大約比沒有處理過的檸檬多出兩成。經過此法處理的檸檬簡直會噴汁，我必須在容器上方切檸檬，以免損失果汁。

我推論必定是發生以下的事：滾動破壞了某些液泡——檸檬裡面裝滿汁液的小枕頭套似的東西。表面張力（造成液滴想要保持圓球型的「表面黏膠」）和黏滯性（「不可流動性」）讓果汁不能輕易地流出來。

但是液體受到加溫時，它的表面張力和黏滯性都會可觀地降低，果汁可以更容易地流動。我沒有查閱實際黏滯係數時，沒想到會那麼容易。比較微波加溫之前與之後的平均溫度，發現水（和檸檬汁夠接近了）在高溫時具有四倍的流動性。所以滾動會破壞防水閘，加溫會讓洪水更容易流動。

結論

如果你使用電動式或機械式榨汁器，滾動及微波加溫都沒有幫助。木製或塑膠製的榨汁器和老式的玻璃榨汁器也是一樣，可以幾乎榨出檸檬含有的全部果汁。

如果你用手擠檸檬，而且擁有微波爐，那就先滾動檸檬，再用微波加溫。滾動會讓檸檬更柔軟，顯得比較多汁；但幾乎不會影響果汁產出。微波加溫也只是造成檸檬熱到令人難受：我的實驗是華氏一百七十至一百九十度（攝氏七十七至八十八度）。

最後，可以期待一個檸檬的最大果汁量是多少？檸檬是特別善變的水果，所以食譜應該明確指出多少盎斯檸檬汁，而不是「半個檸檬擠汁」。電動榨汁的總平均恰好是每個兩盎斯，然而滾動、微波加溫和手擠平均產生一點五盎斯。全部檸檬之中的冠軍含有二點五盎斯，然而兩個正常樣本各自只產生零點三盎斯。

　　實驗的後果之一是，我現在有足以調配一百三十杯瑪格麗特的檸檬汁。只要給我一點時間（參見第243頁）。

老　饕　廚　房

檸檬蛋黃醬
Lemon Curd

這種常用在土司和麵包上的抹醬相當美味，也是水果派、蛋糕，以及果凍的絕佳餡料。可以冷藏數週。

■材料
五個大蛋黃
半杯糖
兩個檸檬榨汁，大約三分之一杯
兩個檸檬皮剁碎
一撮鹽
四分之一杯（半條）無鹽奶油

1. 混合蛋黃與糖，在小火上隔水加熱，持續攪拌。加入檸檬汁、碎檸檬皮和鹽。
2. 漸次加入奶油切塊，持續攪拌。加熱三到四分鐘，直到呈濃稠狀。
3. 倒進乾淨的罐子裡，鋪上圓形蠟紙以避免表面硬化。冷藏儲存。

可做一杯。

蘑菇會吸水，所以不能洗？

烹飪書說，蘑菇會像海綿一樣吸水，
只能迅速漂洗或把表面擦乾淨。
蘑菇不是栽植在糞便裡的嗎？

吸水？不對。那些書說錯了。栽植在糞便裡？恐怕是的。

首先，我們來處理糞便。超市裡常見的白色或褐色半球蘑菇是種在栽植床或栽植基材裡，其中可能包括乾草、碾碎的玉米稈、雞糞、馬廄用過的乾草窩等任何東西。那一點讓我好幾年來心裡一直有疙瘩。因為一再被警告不可以洗蘑菇，我乞靈於軟毛蘑菇刷——希望刷掉蘑菇上面的討厭東西，又不會傷到蘑菇。不過效果不大。我有時甚至削掉蘑菇外皮，那真是辛苦的差事。

就像〈奇異恩典〉說的：「前我喪失，今被尋回，瞎眼今得看見。」我現在知道蘑菇栽植者花十五天到二十天製作堆肥，把栽植基材加熱到可以消毒的程度。無論堆肥來自何處，在「栽植」蘑菇孢子前已經是無菌的。

雖然如此，我總是忍不住想到：雞糞裡面不只是細菌而已。我仍然清潔我的蘑菇。就像我稍後說明的一樣，蘑菇只會吸非常少量的水，所以我用水清洗蘑菇。不僅如此，我非常懷疑某些烹飪書說的，水洗會洗掉蘑菇的味道。如果蘑菇的味道大部分在表面上而且可溶於水，那個說法才會是對的。

就算用顯微鏡觀察（是的，我看過），我也不覺得蘑菇有絲毫的多孔性，所以我向來懷疑蘑菇會像海綿的說法。當我讀到哈洛德・麥基（Harold McGee）的《好奇大廚》（*The Curious Cook*）時，深感吾道不孤。和我一樣愛懷疑的麥基測量一批蘑菇的重量，把它們浸在水裡五分鐘——大約是任何方式洗蘑菇的十倍時間——將水擦乾，再測量一次。他發現蘑菇的重量只增加了很少。

　　我曾經用兩包十二盎斯的白蘑菇（總共四十個）和一包十盎斯的褐色蘑菇（十六個）重複麥基的實驗。我仔細稱出每一批蘑菇的重量，在冷水裡浸五分鐘而且不時攪動，把大部分的水倒在沙拉盆裡，在大毛巾裡滾動擦乾蘑菇，再稱蘑菇的重量。

　　頂部緊緻的白色蘑菇只吸收了相當於原重量百分之二點七的水。那就是每磅蘑菇不到三茶匙的水，與麥基得到的結果一致。褐色蘑菇留存比較多的水，是原先重量的百分之四點九，每磅蘑菇五茶匙的水。那或許是因為傘頂與莖部的間隙比較大，而且有水陷在菌褶裡，並不是因為它們更能吸收水分。許多形狀不規則的蔬菜都能夠機械性地陷住少量的水。很多烹飪書建議的膽怯的「快速漂洗」法，陷入的水可能和浸泡五分鐘一樣多。

　　所以，至少可以隨你高興去洗普通蘑菇，我還沒測試過其他比較特殊的品種。請記住你看到的褐色雜物不是雞糞，或許是消毒過的水苔。菇農用水苔覆蓋栽植基材，蘑菇小小的頭就是穿過水苔鑽出來的。

　　順便說一下，如果你發現蘑菇在鍋裡冒出非常多水，快炒變成水煮，那不是因為你洗了蘑菇。蘑菇本身幾乎完全是水，而且你在鍋裡放了太多蘑菇，冒出來的蒸氣便無處可去。每次炒少一點或使用更大的炒鍋，應該會有幫助。

老　饕　廚　房

秋日蘑菇派
Autumn Mushroom Pie

刷蘑菇、洗蘑菇、清蘑菇，有誰在乎呢？這道森林蘑菇派會吸引所有人的目光。使用香氣濃郁的牛肝菇、油蕈、波多貝羅等蘑菇。製作前一天先作好餡料。

■材料

九英寸烤盤所需的麵糰
兩杯半細洋蔥丁
四大匙無鹽奶油
八杯蘑菇切丁（三磅）
一茶匙乾燥百里香葉
四分之一杯無甜味馬沙拉酒（Marsala wine）
鹽
現磨黑胡椒
一大匙中筋麵粉
一個蛋黃混合一茶匙半的水
新鮮百里香細枝，裝飾用，可以省略

----

1. 用奶油煎洋蔥，中火加熱十分鐘，至柔軟呈金黃色。加入蘑菇與百里香，蘑菇逐漸縮小出水。

2. 將酒倒入，繼續加熱到液量減少一半。用鹽與胡椒調味。撒上麵粉，攪拌一分鐘，使汁液變稠。讓餡料冷卻。

3. 烤箱預熱到華氏四百度（攝氏二百零四度）。在九英寸烤盤中將底層派皮做好。倒入蘑菇，均勻攤開。用水濕潤派皮邊緣。覆上上層派皮，黏壓邊緣，修掉不平整的地方。

4. 蛋黃水攪拌均勻，刷在派皮表面。烤三十五分鐘或表面呈金黃色。溫熱或室溫上桌。喜歡的話，用百里香細枝裝飾。

六人份。

蘑菇有沒有毒，銀元知道？

祖父會在森林裡撿野生蘑菇回家。

有一次我問他，如何知道蘑菇是安全無毒的：

將銀元和蘑菇一起下鍋，銀元沒有變黑，蘑菇就沒問題。

這種說法有科學根據嗎？

要命！但願我在你測試祖父祕方之前逮到你。那個銀元花招完全沒有科學根據。真是胡鬧，我會說那是鄉野傳奇，不過相信的人恐怕命不長久。

除了認識與辨識品種之外，沒有簡單方法可以區別有毒與無毒蘑菇。已知的蘑菇有好幾萬種，許多有毒蘑菇看起來就像可食用蘑菇。

我個人對於記憶形狀不太在行，所以我只准自己撿兩三種沒有有毒近親的品種。我讓專家（或我最喜歡的餐館）供應近幾年來使菜餚更生氣蓬勃的各式品種菇類，諸如鮑魚菇、羊肚菇、油蕈、牛肝菇、椎茸、金菇、雞茸菇等。

請容我說，銀元測試實在危險；幸運的是，令祖父其實懂得辨識那些蘑菇。

擦銅劑能永保銅器亮晶晶？

我買了一套銅製鍋具，看起來真是賞心悅目。
怎樣才能讓它永保如新呢？

閃亮的銅器十分美觀，而且市場上有幾種奇妙有效的擦銅劑。但是，你到底是廚子還是室內裝潢家？

銅製或包銅的烹飪器具最大的優點是，傳熱良好而均勻。所以銅製烹飪器具應該受到珍視，而不是被擦拭。如果試圖永保銅製器具如新，你會花掉所有時間。

可以做幾件簡單的事來避免它們有太多斑點。

絕不可以把它們放進洗碗機；高鹼性的清潔劑會讓銅變色。用洗碗精清洗之後，要讓它完全乾燥。

加熱油脂會形成黑色污漬，一定要用溫和洗碗精完全洗淨。

最後，無論鍋裡面有無東西，不要燒得太熱。深色的氧化銅最容易在高溫處形成，鍋底可能會烙上瓦斯爐噴嘴的分布形狀。

乾性食材和液狀食材為什麼需要不同的量杯？

一杯糖和一杯牛乳有相同的體積，不是嗎？

那要看你的「是」怎麼定義。

全美國的「一杯」都是相同的：八個美制液衡盎斯。你可能會納悶：如果液衡盎斯是用來度量液體，為什麼也用來測量麵粉與乾性食材？一盎斯體積與一盎斯重量又有什麼差別呢？

問題來自老掉牙的美國度量衡系統。以下是我們應該在學校學到的事情：美制液衡盎斯是體積的度量，必須和英制液衡盎斯有所區別；以上兩者必須與重量度量的常衡盎斯區別，常衡盎斯（約二十八公克）必須與分量不同的金衡盎斯（約三十一公克）區別，金衡盎斯與藥劑盎斯沒有區別，除了在有二十八天的二月之外，藥劑盎斯與金衡盎斯完全沒有區別。完全明白了嗎？

如果那還不是使用「國際度量衡系統」（International System Measurement，即 SI，也稱做公制）的充分理由，我不知道什麼才算是充分理由。在公制裡，重量永遠是公斤，體積永遠是公升。只有美國還在使用英制度量衡系統，連英國人都已經改用公制。

讓我們把你的問題換一個說法。八個美國液衡盎斯牛乳的體積難道不等於八個美國液衡盎斯糖的體積嗎？當然相等。如果它們不相等，麻煩可就大了。但我們仍然需要一套玻璃量杯量液體，一套金屬量杯量固體。

試試看，在可裝兩杯的玻璃量杯裡量一杯糖，因為糖的表面不是完全水平，你很難判斷究竟什麼時候才是一杯。即使你輕敲量杯，讓表面平坦，剛好對齊標記，也不會得到食譜指定的分量。食譜是用金屬製的「乾」量杯裝滿一杯。信不信由你，那和你用玻璃量杯測量的結果不一樣。

　　試試看。用可裝一杯分量的金屬量杯，將它裝滿，用刀背刮平表面，得到恰好一杯的糖。把糖倒入可裝兩杯的玻璃量杯，搖晃到表面平坦。我敢打賭它不會完全到達一杯的標記處。

　　那是因為量杯不精確嗎？除非那是在跳蚤市場買的，好像幼稚園小孩玩的便宜貨，否則不會；有商譽的廚具製造商對於產品的精確度是很小心的。答案在於液體和糖、鹽與麵粉之類的乾性材料有根本的不同之處。

　　液體倒入容器時，它會流入每一個縫隙，不留空間。但乾性材料會依照顆粒與容器的形狀大小，停在不可預測的位置。一般而言，倒進寬口容器時，顆粒可以散開，填滿底部空間，比在狹窄容器裡堆積得緊密。因為堆積緊密，它們占用比較少的空間。同樣重量的糖在寬口容器裡比在狹窄容器裡占據較少體積。

　　回到廚房和你的量杯。你會發現在同樣的容量標記線，玻璃量杯的直徑比金屬量杯大一些。因此，糖和麵粉在玻璃量杯裡面占據比較少的體積。如果你使用玻璃量杯量乾燥食材，你加進去的會比食譜需要的多。

　　為了徹底弄清楚，我測試了相反的效應：我把一杯與金屬杯口齊平的糖倒進又窄又高的測量容器——化學家用的有刻度的管子。就和我預料的一樣，砂糖堆到比八盎斯（二百三十七毫升）標線高很多的地方。

　　不幸的是，現代的玻璃量杯比它們的前輩更寬。這或許是因為現代人想在微波爐裡加熱量杯裡面的牛乳，而且越寬的容器越不容易沸騰溢出。所以今天的液體量杯特別不適合用在乾燥的食材。但是就算用它們量液體也有問題。在比較寬的容器裡，液面高度少許的誤差會造成相對頗大的體積誤差。因此那些又大又寬的量杯用起來不如老式窄口量杯那麼精確。如果擁有老式量杯，把它們當寶吧。

　　還有測量茶匙和大匙的問題。你有沒有注意到表面張力造成液體鼓起來，比量匙的邊緣高？那樣會足夠精確嗎？量匙是用於

測量固體，而不是爲液體製造的。

　　我發現這些問題的完美解決方案就是EMSA公司設計的「完美量杯」（Perfect Beaker）。它具備你可能用到的每一種液體度量刻度：盎斯、毫升、茶匙、大匙、杯與品脫，還包括幾分之幾的刻度。從一盎斯到一品脫，你只需要這一個測量器材。它的甜筒形狀能夠在比較窄的部分測量比較少的食材，獲得最高精確度的讀數。你也可以用它換算不同的單位。依照目前進度判斷，美國終於要使用公制了，這種量杯在下一個千禧年會很方便的。只要在刻度上找出美制度量就可以讀取同一刻度的公制度量（我是不是太悲觀了？畢竟，美國國會通過轉換到公制的法律才二十七年而已，可口可樂和百事可樂就已經推出兩公升的瓶裝）。

　　廚房裡的精確度與可複製性的終極解答是很簡單的，但是除了專業烘焙師傅和餐廳大廚之外，美國人就是不肯照做：不要用大匙或量杯之類的體積測量乾燥食材，而要秤重量；大多數的廚子都是秤重量。例如：在公制裡，一百公克糖永遠是同樣分量的糖，與顆粒大小粗細或裝糖容器無關。在液體方面，只有一個單位：毫升，或它的倍數，公升（一千毫升）。不用煩惱杯、品脫、夸脫，或者加侖。

　　快回答：半加侖有幾杯？明白我的意思了嗎？

完美量杯。上寬下窄的形狀對少量液體提供最大的精確度。

    老 饕 廚 房

覆盆子-咖啡蛋糕
Black Raspberry Coffee Cake

這個食譜使用公制。這種濃郁甜點介於糖果和糕餅之間。趁熱切成楔型，搭配咖啡。可以使用黑色或紅色覆盆子、藍莓，或者黑莓。冰凍也很好吃。

■上層材料

一百零八公克淡色紅糖　　　十四公克冷藏無鹽奶油

十八公克中筋麵粉　　　　　十四公克切碎的半糖巧克力

■材料

蛋糕部分

一百三十五公克中筋麵粉　　一個大雞蛋

一百六十公克糖　　　　　　七十九毫升脫脂奶

二公克發粉　　　　　　　　五毫升香草精

四分之一茶匙小蘇打　　　　七十六公克無鹽奶油，溶化冷卻

四分之一茶匙鹽　　　　　　一百七十五公克覆盆子

1. 混合紅糖與麵粉，加進奶油，攪拌成粉狀。加入巧克力，充分混合。

2. 烤箱預熱到攝氏一百九十度。八英寸烤盤噴上不沾鍋噴劑。混合麵粉、糖、發粉、小蘇打與鹽。在另一個碗裡混合蛋、脫脂奶、香草精與溶化的奶油。

3. 把液體混合物倒進粉料裡，攪拌至平滑均勻。倒入烤盤，撒上覆盆子，均勻加入上層材料。

4. 烤四十到四十五分鐘，或呈深褐色。溫熱食用。

可做八到十人份。

立即顯示溫度計真的會「立即」顯示嗎？

為什麼我的「立即顯示」溫度計要很久才會顯示食物溫度？

所謂的立即顯示溫度計有兩類：指針式與數位式。它們真的會立即顯示溫度嗎？別指望了！這些號稱反應超快的東西需要十至三十秒爬升到最高讀數，那當然就是你需要看的數字。如果在抵達最高讀數之前就抽出溫度計，你會低估食物的溫度。

當然，你急著要看溫度。你可不想把手伸進烤箱，站在那邊等溫度計顯示烤肉內部溫度。悲哀的是，除非溫度計本身，或者至少是它的探測器，抵達與食物相同溫度之後，才能夠顯示食物的溫度。

事實上，你可以說溫度計唯一能做的事，就是告訴你它自己的溫度。基於我稍後解釋的原因，數位式溫度計通常比指針式反應更快，所以除了選擇數位式而非指針式之外，對於溫度計需要時間加溫這回事是無計可施。

你可以做的事情是，弄清楚你究竟在測量哪裡的食物溫度。兩類「立即顯示」溫度計在這方面的差別很大。

指針式溫度計藉著探針裡面的雙金屬線圈感測溫度：這種線圈是兩種不同金屬結合在一起構成的。因為兩種金屬受熱的膨脹率不同，所以熱會轉動線圈，然後轉動指針。不幸的是，感測溫度的線圈長度通常超過一英寸，你其實是在測量某地區的平均溫度。但你通常必須測量的是局部溫度。例如在烤火雞的內部，不同部位的溫度變化很大，但是為了測量烤熟了沒有，你必須知道雞腿最厚部分的溫度。

反之，數位式溫度計測量食物裡面更精確地點的溫度。它含有一個由電池操作，電阻隨著溫度變化的微小半導體（行話：熱

Component Design 公司製造的數位式溫度計

敏電阻）。電腦晶片把電阻轉變成電子信號，用數位顯示表達出
來。微小的熱敏電阻器位在探針尖端，所以數位式溫度計特別適
合監測你要知道中心溫度的烤牛排或豬排。

　　數位式溫度計的另一個優點是熱敏電阻器很小，可以迅速與
食物同溫。數位式溫度計通常比指針式更快給你讀數。

壓力鍋是炸彈鍋嗎？

恐怖的壓力鍋好像又重現江湖了，它們有什麼作用？

它們藉著強迫水在比正常更高的溫度沸騰來加速烹調。

在加熱過程中，它們可能會像煉獄機器一般嘶嘶響、搖動，而且高聲尖叫，威脅著要噴出肉汁重新裝飾你的廚房。但是你母親的壓力鍋已經改良成爲舉止更斯文，而且幾乎絕對不會出差錯的鍋具。和所有的烹飪器材一樣，要了解才會安全。不幸的是，除非你了解壓力鍋的原理，否則附帶的說明書只是充滿嚇人的各種規定。我會幫助你好好了解。

壓力鍋在二次大戰之後爆發——對不起，出現——作爲「現代化」烹飪方法，以供時間排滿了烹飪、清洗與照顧小孩的家庭主婦使用。今天，嬰兒潮的一代已經長大，而且時間排滿了工作、健身房與開吉普車。任何有希望奪取廚房奧運金牌的器材都會保證暢銷。

但是無論你採取多少捷徑，所有的烹飪都涉及兩個不可避免的、耗用時間的步驟。一個是傳熱——讓熱進入食物內部。因爲大部分食物是熱的不良導體，所以那個步驟可能是許多「快速」食譜的瓶頸。另一個緩慢的步驟是烹飪反應的本身。讓食物從生變熟的化學反應可能是相當慢的。

微波爐藉著在食物內部生熱來繞過緩慢的傳熱。但是像湯和燉肉之類的菜色，主要是以水爲基礎的烹飪方法，造成緩慢的味道結合；或是肉類與蔬菜在有蓋容器裡，用少量液體燙熟或燜熟。你不能在微波爐裡做那樣的菜餚，因爲那是微波在加熱，而不是微沸的液體在加熱。

包括烹飪在內的一切化學反應在高溫時都進行得比較快，所以爲了加速燜熟，我們希望使用比較高的溫度。這存在著一個重

大障礙：水具有內建的溫度極限——在海平面的沸點華氏兩百一十二度（攝氏一百度）。把溫度調到像火燄噴射器一樣，水和醬汁當然會更快沸騰，但一點也不會更熱。

該壓力鍋上場了。它把水的沸點提高到華氏兩百五十度（攝氏一百二十一度）。怎麼提高的？我很高興你問了，很少有烹飪書或者壓力鍋使用說明書告訴你怎麼回事。

水沸騰時，水分子必須獲得足夠的能量以便脫離液體，自由飛進空中成為蒸氣或氣體。水分子必須推開像毯子一樣覆蓋整個地球的大氣層，才能飛進空中。空氣雖然輕，但是大氣層厚度超過一百英里（一百六十公里），所以這張毯子是相當重的；在海平面的大氣壓大約是每平方英寸十五磅重。在普通狀況下，水分子必須達到相當於華氏兩百一十二度（攝氏一百度）的能量才可以推開每平方英寸十五磅重的毯子，而且沸騰。

我們在壓力鍋裡加熱少量的水，壓力鍋是嚴密緊封的容器，具備可控制的排氣小孔，可以放出空氣與蒸氣。水開始沸騰時，會產生蒸氣，因為排氣孔關上，容器裡面的壓力會升高。只有壓力達到每平方英寸三十磅重——來自大氣層的十五磅加上來自蒸氣的另外十五磅——控制器才會讓多餘的蒸氣排進廚房。在那之後，壓力保持每平方英寸三十磅重。

為了推開這個更高的「毯子」壓力而且保持沸騰，水分子必須達到比以前更高的能量。為了克服每平方英寸三十磅重的壓力，水分子需要相當於華氏兩百五十度（攝氏一百二十一度）的能量，那個溫度就是新的沸點。高溫高壓的蒸氣透入食物所有的部分，而且加速烹飪。

你開始加熱封住的壓力鍋時，排氣孔會排出空氣，水開始沸騰，而且形成蒸氣。蒸氣靠著某一種壓力限制器材保持你所要的每平方英寸三十磅重的水準。壓力限制器材時常是排氣管頂端的一小塊重物。在加熱期間，小重物翻滾到一側，讓高於每平方英寸三十磅重壓力的蒸氣釋出。蒸氣逸出的時候嘶嘶作響，而且嚇

得我們以為鍋子快爆炸了。其實不是。比較新的壓力鍋設計是使用彈簧閥,而不是小重物保持所要的壓力水準。

　　在加熱期間,你應該調整火力,讓內容物沸騰得夠快,以保持蒸氣壓力,但是不要快到經由排氣孔失去過多的蒸氣。無論如何,壓力調節器不會讓你把鍋子變成炸彈。在指定的加熱時間之後,你應該讓鍋子冷卻,以便裡面的蒸氣凝結——恢復成液態水——而且降低壓力。安全裝置保證高壓已經消失(有些機型甚至要消壓之後才讓你打開),然後你就可以開鍋上菜。

磁力可以煮熟食物？

我的鄰居剛剛翻新廚房，安裝了電磁爐。
它是運用什麼原理？

微波爐是一百多萬年來產生烹飪用的熱的第一種新方法。現在嘛，有了第二種新方法：磁感應加熱。

近十年以來，磁感應加熱用在歐洲與日本的某些餐飲服務業，晚近也用在美國的商用廚房。它們現在開始出現在家庭裡。

電磁爐與電爐的差別在於，電爐是藉著金屬（電熱線圈）的電阻生熱，然而電磁爐是利用烹飪容器本身金屬的磁阻生熱。

以下就是它的原理。

在你的鄰居美觀光滑的電磁爐面底下，有幾個像是變壓器線圈一樣的線圈。開動某個加熱單元之後，家用的六十週波交流電開始流過那個單元。基於我們這裡不討論的原因（就算愛因斯坦也沒法真正完全滿意地解釋），只要有電流流過線圈，就會讓線圈的行為像是磁鐵，南極和北極都有。在這裡的情況，因為交流電每秒鐘改變方向一百二十次，所以磁鐵也每秒鐘逆轉極性一百二十次。

到現在為止，沒有證據顯示廚房裡面有發生任何事情：我們看不見、聽不見，也感覺不到磁場。爐面仍然是冷的。

現在把鐵製煎鍋放在線圈上方。交變的磁場會使鐵磁化，先往一個方向，然後逆轉方向，每秒鐘來回調轉磁性一百二十次。但是磁化的鐵並不是很容易逆轉它的極性，而且它相當可觀程度地抗拒逆轉。那就造成許多磁力被浪費，而且浪費的磁力變成熱出現在鐵裡面。結果只有煎鍋變熱。沒有火燄也沒有紅熱的電熱線圈，而且廚房保持涼爽。

任何可以磁化的（行話：鐵磁性的）金屬都可以用磁感應來

加熱。無論表面有沒有上釉的鐵當然都可以。許多不鏽鋼，但不是全部，也可以。但是鋁、銅、玻璃與陶器不行。如果想知道某件鍋具能不能用在電磁爐上，拿一個冰箱外面貼紙條用的磁鐵，試看看會不會吸住鍋底。如果會吸住，那個鍋子就可以用在電磁爐上。

　　除了電磁爐檯面的可觀費用之外，你也不能使用視若珍寶而且昂貴的銅鍋。你的鄰居選用外觀炫麗、高科技電磁爐之前有沒有想到那一點？

光線也可以用來烹飪？

新式烤箱據說是用光線，而不是熱來烹飪。
那是什麼原理？

這是不是繼火、微波爐、電磁爐之後的第四種產生烹飪所需的熱的方法？不是。所謂的熱光烤箱（light oven）生熱的方法與你的電爐非常相似：利用金屬的電阻。

熱光烤箱大約從1993年開始用在特殊的商業用途，現在也生產家用型。我剛聽說熱光烤箱時，懷疑心就大大發作。某些促銷說辭聽起來好像偽科學的誇大宣傳：它們具有「駕馭光線的威力」。它們「用光速」而且「從內到外」烹煮食物。

光線真的會非常接近光速前進，但是光線不會透入固體很深。試看看隔著一塊牛排讀這一頁文字。那麼，除了光線不可置信地強烈之外，它怎麼可能投射足夠的能量在食物裡面煮熟食物？我考慮過雷射，也就是我們用來做從眼部手術到使用小紅光點騷擾鄰居等等各種用途的超強力光束，但是雷射的光束非常細小，頂多只能每次射擊一粒米。

但是，世界上有各種各樣的「光」。熱光烤箱的祕密不只是它的輻射強烈，還在於它產生的波長混合。基於我從奇異電器的技術人員得到的資訊，以下就是熱光烤箱的原理（他們不願意透露全部的祕密）。

神說：「讓世界有可見光，還有紫外線、紅外線，還有整個電磁波譜更長的與更短的波長。」我們所說的光，只是太陽能量波譜裡面，人類眼睛能夠偵測到的很小一部分。但是廣義而言，「光」這個字真的需要更確切的定義。

熱光烤箱安裝了好幾排特殊設計、壽命長的一千五百瓦鹵素

燈，它們與一般燈具使用的鹵素燈大致相同。但是家用鹵素燈的能量輸出大約只有百分之十是可見光，另外百分之七十是紅外線，百分之二十是熱。熱光烤箱的鹵素燈產生祕而不宣混合比的可見光、多種波長的紅外線，還有熱。進行烹飪的就是三者的混合。

（不管科學書籍告訴你什麼，紅外線不是熱；它是只有被物體吸收時才會變成熱的一種輻射能量。我把紅外線稱作「傳遞中的熱」。太陽的紅外線輻射被你的汽車車頂吸收之後才是熱。某些餐館在侍者度假期間用來給你的食物保溫的「熱燈」會發出紅外線輻射，食物就是藉著吸收那些輻射保溫。）

熱光烤箱裡面的可見光與波長接近可見的光，真的會或多或少透入肉類——你可以在黑暗的房間裡用手電筒照透你的大拇指。而且那些光線不像微波那樣會被水分子吸收，所以它們可以直接把能量投放在食物的固體部分，而不是先浪費能量去給水加熱。鹵素燈發出的某些波長可以透入食物表面十分之三到十分之四英寸。那或許聽起來不算很多，但是投放的能量會從那裡傳導到更深的地方。而且熱光烤箱的騙人招數也包括發射更有透入力的微波（你也可以把熱光烤箱當成另一個微波爐）。

同時，食物的表面吸收波長比較長的紅外線輻射與熱，造成表面褐化而酥脆——這是微波爐做不到的事情。普通烤箱只有一部分熱是藉著紅外線輻射抵達食物，其他是透過空氣這種不良導體，所以需要長時間烤褐食物。熱光烤箱的紅外線輻射能夠直接把食物表面加熱到比普通烤箱更高的溫度，所以食物更快速烤成褐色。

事實上，快速就是熱光烤箱的主要賣點。奇異電器的市場研究詢問消費者對於烹飪器具最想要的是什麼，前三名答案是速率、速率、速率。消費者說他們希望在二十分鐘之內烤熟一隻全雞，在九分鐘之內烤熟牛排。

熱光烤箱真正了不起的地方是它們的電腦技術。專利軟體驅

動的微處理器可以依照仔細計算的順序控制燈光與微波爐開關，達成每一道菜的最優烹飪。奇異電器的市場研究發現，百分之九十的美國消費者的烹飪只涵蓋八十道菜（不予置評），所以這八十道菜程式設定在烤箱的資料庫裡，以供按鈕烹飪之用。只需要輸入你想要哪一種牛排、肉的厚度與重量，還有你想要的熟度，牛排很快就會出現在你的盤子上。

　　但願我們有電腦可以播放那些浪費時間的輕柔音樂、燭光、對話，還有葡萄酒。

餅乾上為什麼有很多小孔？

為什麼餅乾和猶太人踰越節吃的麵餅都有很多小孔？

　　蘇打餅乾、大麥薄片、三層夾心、麗滋餅乾、全麥餅乾，隨便你說哪一種——全世界幾乎沒有餅乾上面是沒有小孔的。

　　猶太踰越節未發酵扁平麵餅的製造商似乎對於打孔這回事瘋狂上癮。踰越節麵餅比凡俗的餅乾更神聖多孔。但那不只是遵照傳統，而是有實際目的。

　　以下就是基礎的餅乾打孔科學。如果你像餅乾工廠那樣傾倒水和麵粉到巨大的攪拌器裡面攪拌一千磅的麵糰，你絕對不可能避免把空氣攪拌進去。然後，如果你把麵糰壓成很薄，放進高熱的烤箱裡（蘇打餅乾是在華氏六百五十度至七百度〔攝氏三百四十三度至三百七十一度〕烤出來的），陷在裡面的氣泡會鼓起來，甚至會爆炸。分子受熱就會運動得更快速，而且更大力推擠周圍，所以空氣遇熱會膨脹。

　　除了不美觀之外，凸起的薄皮可能會太快烤熟，在其他部分烤熟之前就烤焦了。如果它們爆裂的話，會在表面留下疤痕坑洞。看起來像是烤焦的、充滿散兵坑戰場的餅乾賣相很差。

　　所以在薄薄的麵皮進入烤箱之前，打孔器——表面上伸出許多尖刺或小針的大圓柱體——會滾過麵皮表面。小針戳破氣泡，在麵皮上留下明顯針孔。取決於成分、烘烤溫度，及所欲的最終外觀，不同餅乾的小針間隔不同。例如，消費者似乎比較喜歡柔和而線條起伏的蘇打餅乾，所以容許在小孔之間出現一些氣泡。至於小小的、中央穿孔的乳酪餅乾看起來就像穿了孔的枕頭。

　　如果那還沒有超過你想知道的關於餅乾小洞的資訊，請考慮以下的事：在含有小蘇打之類膨脹劑的餅乾裡面，發泡膨脹的麵糰會在發酵或烘烤期間部分堵住小孔。但是小孔通常仍然存在，

至少會有一點凹陷。你以為大麥餅乾沒有戳孔？拿一片大麥餅乾背光觀察，你就會看見「化石化的」遺跡。就算是表面粗糙的三層夾心餅也有四十二個小洞。

因為猶太踰越節麵餅是在華氏八百度至九百度（攝氏四百二十七度至四百八十二度）之間迅速烘烤的，戳破氣泡尤其重要。麵糰表面在那麼高的溫度會迅速乾燥，而膨脹的氣泡傾向於炸穿硬化的表面，造成充滿猶太彈片的烤箱。所以需要重型的穿孔工作。進行穿孔的是與穿孔器很相似，但密布著一排排牙齒的滾軸。它會留下平行的凹孔。

因為踰越節的飲食規定不准使用膨脹劑，所以踰越節麵餅只使用麵粉和水製造。徹底穿孔的原因之一，其實是避免出現因為空氣膨脹而造成類似發酵的外觀。因為沒有發酵，所以踰越節麵餅不會在烤箱裡面膨脹、蓋住穿孔的痕跡，於是成品仍然留下明顯痕跡。你仍然可以在踰越節麵餅穿孔的痕跡之間看到一些凸起。造成凸起的是那些躲過穿孔，但是沒機會成長到具有破壞性、爆炸性的小氣泡。凸起的薄皮比其他部分更快烤成褐色，所以沒爆炸的凸起給成品帶來有趣的外觀。

現在你知道為什麼在烤派以前要在派皮上戳洞，甚至為了保險起見，還要用豆子或其他東西壓住麵糰。除了麵糰內部的氣泡之外，麵糰與鍋底間可能還藏了一些空氣。如果不做預防，雖然沒有東西會爆炸，但你可能會得到底部拱起來的派。

知　識　補　給　站

以下是從裝填緊密的瓶子裡取出橄欖或者醃漬小黃瓜的簡易方法。（工廠究竟怎麼把它們裝進去的？）五金店和廚房用品店有賣一種抓取小物體的工具。它看起來像皮下注射器。你按下推進塞，就會有三個或四個彈性鋼絲做的爪子從底端冒出來。把爪子放到你的獵物周圍，然後放鬆推進塞，於是爪子試圖縮回管子裡，因而緊緊抓住它們的獵物。再壓一次就可以釋放獵物。

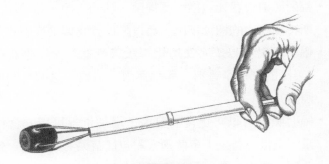

橄欖與橄欖夾

食物照射輻射是安全的？

關於食物輻射照射的爭論很多。
照射究竟是什麼？它安全嗎？

食物輻射照射就是生產商在運送食物到市場之前使用強烈的伽瑪射線、X光，或者高能電子束照射食物。

他們為什麼要這樣做？

- 輻射照射會殺死包括大腸桿菌、沙門氏菌、葡萄球菌、李斯特菌在內的種種細菌，藉以降低食物傳染疾病的危險。
- 輻射照射可以不必使用化學殺蟲劑就殺死昆蟲與寄生蟲（美國的許多辛香料、藥草與調味料為了這個目的而使用照射）。
- 輻射照射可以防止食物腐壞，增加世界可用的食物供應量。全世界有三十多個國家對包括蔬果、辛香料、穀類、魚類、畜肉與禽肉在內的四十多種食物實施例行照射。

對於廣泛使用輻射照射有兩大類的反對意見。一個是關於社會經濟議題，另一個是關於安全性。

主要的社會經濟反對意見認為，食品業可能為了自己的利益而使用食物輻射照射。食品業界與農業界不但不整頓自己不夠令人滿意的衛生行為，反而使用輻射照射當作最後手段來「中和」污染的、隨便生產的肉類與其他食物。

我不是替商業化農業，或者任何以賺錢為唯一目的、以至於犧牲公眾安全的產業說好話。不可否認的確存在著非法拋棄有毒廢棄物的歷史，更不用提到例如某一個產業內部共謀，隱藏不讓外人知道有關於焚燒它們的產品與吸入煙霧的致命影響。以這個眼光而言，無怪乎許多人認為食品生產廠商可能會被不正當的原

因誘惑，而使用食物輻射照射。

　　但是我在這裡繞過支持與反對食物照射的政治、社會與經濟爭論，身為公民，我自有那方面的意見，但是這裡純粹聚焦在我認為自己更有資格談論的科學議題。只有在科學事實清楚之後，才有機會針對其他議題進行客觀的辯論。

　　食物輻射照射安全嗎？飛機安全嗎？流行性感冒疫苗安全嗎？植物奶油安全嗎？人生安全嗎？（當然不安全；因為結局必然是死亡。）我不是要嘲弄這個問題，但是「安全」大概是英文裡面最沒意義的一個字。它充滿太多的前提、涵義、詮釋與暗示，以至於完全沒有意義。當然，沒有意義的字恰好違背了語言的目的。

　　任何科學家都會告訴你，幾乎不可能證明否定陳述。換言之，試圖證明某一件事（例如一件不幸的事）不會發生是徒勞的。相對比較容易的是證明某一件事會發生；只要嘗試幾次且注意它有沒有發生。但是如果沒有發生，永遠還有下一次，預斷下一次是預言，而不是科學。如果追根究柢，科學只能處理或然率。

　　那麼，請容許我重新陳述問題。攝取受過輻射照射的食物以至於產生有礙健康影響的機會——或然率——有多大？科學界的共識是「很小」。

　　以下是一位曾經暴露於頗多輻射的核子化學家（我）所回答的某些簡短問題：

- 輻射照射過的食物會造成癌症或基因損壞嗎？
  從來沒發生過這種事。
- 輻射照射會讓食物具有輻射性嗎？
  不會。輻射能量太低，不會造成核反應。
- 輻射照射會改變被照射東西的化學成分嗎？
  當然會。那就是它有用的原因。稍後再詳談這件事。

有一個大問題就是，許多人聽見「輻射」這個詞就想到從原子彈與破裂的反應爐裡噴出來的「致命輻射」（媒體愛用這個詞）。但輻射是比那個更寬廣——而且更無害——的觀念。

輻射是大約以光速從一個地方旅行到另一個地方的任何一種能量波或者粒子。你的檯燈會發出叫作光線的可見輻射。烤箱裡的工作元件會發射不可見的紅外線輻射到你的牛排。你的微波爐會發射微波輻射到你的冷凍豆子。行動電話、廣播電台與電視台會發出攜帶了愚蠢的閒聊、垃圾音樂，以及白痴連續劇的輻射。

沒錯，核反應爐裡面有輻射物質發出的強烈核子輻射線，其中包括與照射食物相同的伽瑪射線。伽瑪射線，還有同樣用在食物照射的X光和高能電子束，都具有足夠的能量擊碎原子，形成「離子」——帶電的破片——所以它們叫作「游離輻射」。對於從微生物到人類的各種生物而言，它們確實是很危險的輻射。

但是你用來烹飪的熱與地獄裡翻騰的火燄是完全一樣的熱。你不想在烤箱裡面和食物一起被烤，就像你不願意待在核反應爐裡面或陪食物一起被照射一樣。但是那不會讓烹飪或輻射照射變成危險的事。關鍵在於暴露在輻射線的是誰，或者是什麼。

X光與伽瑪射線透入植物與動物組織頗深，沿途對活細胞裡的原子與分子造成損害。這兩種輻射與高能電子束被用來照射食物的原因，正是它們可以損害昆蟲與微生物的細胞，改變牠們的DNA，而且阻止牠們繁殖，甚至阻止牠們生存。熱當然也有同樣的作用。所以牛乳、果汁與其他食物使用加熱消毒。但是加熱消毒法不能殺死所有的細菌，所以需要更強烈的手段，但是更高的溫度會過度改變食物的味道和質感。那就是為什麼我們需要照射輻射。

游離輻射能夠打斷造成分子結合的化學鍵，然後碎片可能依照不尋常的新組態重新結合，形成叫作輻射分解產物的新化合物分子。因此，輻射照射確實會造成擾亂式的化學改變。那就是它為什麼會殺菌。雖然細菌DNA的變化會殺死細菌，但是照射使

用的強度產生的食物化學變化是極微小的。新形成的化合物種類有百分之九十是食物裡面本來就有的，尤其是烹飪過的食物（烹飪當然也會造成化學變化）。另外百分之十呢？在食品藥物管理局核准食物輻射照射之前審查的四百多項研究之中，無論是人類或者好幾代的動物，都沒有發現攝取照射食物造成的不良影響。

雖然我們不能夠證明任何東西，甚至包括巧克力布丁在內，是絕對「安全的」，但是我相信聞名的科學原理「布丁要吃了才知道好壞」。顯然地，食品藥物管理局、美國農業部、疾病管制局、食品技術學院、美國醫學學會，以及世界衛生組織也秉持同樣的信念，它們全都認可種種輻射照射食物的安全性。

時常聽到的一種憂慮是說，廣泛使用食品輻射照射會形成嚴重的輻射廢料處置問題。因為憂慮核反應燃料在處理過程之中產生的大量強烈輻射廢棄物，大眾自然會納悶，用過的食物輻射照射的射源該怎麼處置。但是食物照射的射源雖然危險，它與核反應爐的不同就像電池與發電機的不同。雖然確實有使用輻射物質，但是不會累積使用產生的廢棄物。

讓我們逐一檢視三種類型食物輻射照射射源的災害。

只要關掉電源，食物輻射照射使用的Ｘ光與電子束就會像燈光一樣消失。完全沒有涉及殘留的災害，也沒有輻射性。

人類幾十年來在全世界安全地使用鈷六十輻射源來治療癌症。必須使用厚重混凝土牆與人隔絕的放射性鈷是不會逸漏的小「鉛筆」形狀的固態金屬。沒有人會把它丟進最近的小溪裡。反對食物照射的人指出，在1984年有一個鈷輻射治療器材流落到墨西哥的廢鐵場，它的輻射性最後出現在桌腳之類的鋼製消費性產品裡。但是那不是輻射廢棄物的問題。那是可歎的愚蠢或貪婪的例子，無論多少預防或規定，都不能從人類心理抹去那兩個特性。

某些伽瑪輻射線射源裡使用的銫137，是封裝在不鏽鋼裡面的粉狀物。銫137是核反應爐燃料的副產物，具有三十年的半衰期，所以在漫長的有效期限過了之後，可以回到堆積如山的核廢

料場。用來消毒醫療用品的銫137射源在1989年曾經發生災難式的逸漏,但問題已經獲得了解並且已改正。

以下是時常聽說的反對食物輻射照射的「技術性」理由。

「食物照射使用相當於十億次胸部X光攝影的輻射,那足夠殺死一個人六千次。」

我要問,那有什麼相干?食物輻射照射是用在食物上,不是用在人身上。在煉鋼爐裡面,熔融鋼鐵的溫度是華氏三千度(攝氏一千六百四十九度),熱到足以蒸發人體。煉鋼廠的工人和食品照射廠的工人因此得到忠告,不要使用熔融的鋼鐵沐浴,也不要在照射輸送帶上睡午覺。

「每吃一口輻射照射過的食物,我們就會間接暴露於游離輻射中。」

無論間接或直接是什麼意思,食物裡面絕對沒有輻射。我們每次摸到一塊鋼鐵,會不會「間接暴露於」華氏三千度高溫?

「游離輻射會不分青紅皂白殺死好微生物與壞微生物。」

那是真的。製造罐頭與幾乎所有的食物保存方法都是一樣。但是那又怎樣?不含好微生物的食物並不會造成傷害。

「游離輻射不能區分沙門氏菌或維生素E。營養成分碰上輻射就毀了。」

取決於食物的種類與輻射的劑量,這種說法或多或少是對的。但是我不認為維生素的損失可以當作禁止輻射食物消毒的理由。所有的食品保存方法都會某種程度改變食品的營養成分。而且我懷疑有人會只吃輻射照射過的食物。

那麼,輻射照射食物安全嗎?有任何東西能夠被證明是絕對

安全的嗎？去仔細閱讀每一包保命健身的藥品包裝上的小字印刷「可能會有副作用」吧。如果「絕對安全」是核准新藥的判準的話，就沒有可以賣的藥了。

就像曾經見過大腸桿菌於幼兒間肆虐的馬里蘭大學醫學院微生物學暨免疫學教授詹姆斯·卡普（James B. Kaper）說的：「攝取照射過的食物或許會導致某些輕微的不良影響。但是在那之前，許多本來可以受到攝取照射食物保護的人，尤其是幼童，可能已經死於大腸桿菌。」

生命是持續的風險對效益評估；任何技術進步不可避免的陰影就是某種程度的風險。例如，直到十九世紀的最後十年，美國家庭仍然無電可用。在二十世紀的最後十年，美國每年平均有兩百多人死於電燈、電器開關、電視、收音機、洗衣機、烘衣機之類的家用電器電殛，還有三百人死於四萬件與電有關的火災。因為益處遠遠大於風險，我們雖然悲歎那些不幸，但是仍然接受那是居家用電的後果。

我們必須權衡保存食物與摧毀有害細菌、昆蟲與寄生蟲的利益──有效利用世界糧食供給與拯救生命──以及非常不可能，而且當然不會威脅生命的風險。

冰箱應該有多冷？

我對冰箱裡的各種隔間感到困惑。
我應該在裡面放什麼東西？
例如，「蔬果保鮮盒」是做什麼用的？

　　每次打開冰箱門時，我的暹羅貓亞歷克斯瞪著裡面，就像大盜看見聯邦政府藏金地諾克斯堡一樣。牠知道那個進不去的白色大盒子裡面有生命的一切歡樂。人類與牠也沒多大不同。我們的冰箱就是我們的寶庫。冰箱的內容甚至比我們穿的衣服或開的汽車更能反映我們的生活品味。

　　冰箱的主要目的當然是用來展示所有可能被磁鐵貼在上面的傻氣物體，更別提兒孫輩塗鴉的「藝術」。但不僅那樣，冰箱還會產生低溫，低溫會減緩從化學酵素反應到細菌、酵母菌與黴菌等等造成的食物腐爛。

　　我們想要抑制兩類細菌：致病細菌與致腐細菌。致腐細菌會造成食物惡臭而不可食用，但通常不會造成我們生病。另一方面，致病細菌可能嗅不出也看不見，但是仍然有危險性。低溫可以抑制它們兩者。

　　好啦，愛麗絲，妳想漫遊冰箱仙境嗎？只要喝下這瓶標示著「喝我」──會讓妳變小的藥水，然後跟著小白兔進入冰箱。

　　愛麗絲：這裡面可真冷啊！

　　小白兔：沒錯。我們著陸在冷凍櫃，通常位在冰箱最上層，好讓漏出去的冷空氣沉下去，幫助冷卻比較低的部分。

　　愛麗絲：這裡究竟有多冷？

　　小白兔：冷凍櫃應該永遠保持華氏零度（攝氏零下十八度）或者更冷。那比水的冰點還要低華氏三十二度。

愛麗絲：我怎麼知道我家的電冰箱夠不夠冷？

小白兔：買一個特殊設計、用來精確測量低溫的冰箱冷凍櫃溫度計。放在冷凍櫃裡的冷凍食品包裝之間，關上門，等待六到八小時。如果溫度計讀數與華氏零度差距二度以上，調整溫度控制鈕，而且六到八小時之後再次檢查。

如果我們向下爬到冰箱的主要部分，那裡就會溫暖得多。

愛麗絲：你把這裡叫作溫暖？

小白兔：凡事都是相對的。外面的廚房至少比這裡更溫暖華氏三十度。冰箱的機制是從我們所在的箱子裡移出熱量，但是熱是能量，你無法摧毀能量；被移走的能量必須有個去處。所以冰箱把能量丟到廚房裡。瘋狂製造商宣稱冰箱其實是廚房加熱器，他們說的對。事實上，因為移走熱的機制會產生熱，所以冰箱發出的熱比它從內部移走的熱更多。所以你不可能開著冰箱的門來冷卻廚房；你只不過是在不同的地方之間移動熱，甚至還增加熱，但是不能消除絲毫的熱。

愛麗絲：冰箱怎麼移走熱量？

小白兔：冰箱含有很容易蒸發的液體四氟化碳，至少在科學家發現四氟化碳會摧毀地球的臭氧層之前是含有四氟化碳的；新型冰箱含有比較友善的HFC134a，不過它的名稱古怪。總之，液體蒸發（沸騰）的時候會從周圍環境吸熱，於是周圍就變冷了（這裡沒篇幅解釋原因）。蒸氣被壓縮恢復液態時，會再度放出那些熱。冰箱讓液體在箱子裡面蒸發，於是冷卻妳所看到的內壁上的管線。然後冰箱再把蒸氣壓縮成液體（妳聽見的嗡嗡聲是壓縮機的馬達聲），而且透過藏在冰箱後面或底下的一大堆管線，把熱散到冰箱外面。溫度開關依照維持適當溫度的需要，開動或關閉壓縮器。

愛麗絲：什麼是適當溫度？

小白兔：冷藏櫃應該永遠低於華氏四十度（攝氏四點四度）。細菌在那個溫度以上可能會迅速繁殖，造成危險。

愛麗絲：我可以用我的新溫度計測量它嗎？

小白兔：當然可以。溫度計放在冰箱中央的一杯水裡，等待六到八小時。如果讀數不是華氏四十度或者更低，調整電冰箱的主控溫鈕，六到八小時之後再檢查溫度。

愛麗絲：謝謝你，我有把握我的冰箱都會處於適當的溫度。但是我應該在冰箱裡面存放什麼呢？

小白兔：就是尋常的東西嘛。活螃蟹——冰箱的冷凍庫把牠們凍昏了，妳蒸牠們的時候不會揮舞大螯；滴了蠟燭的桌布——蠟硬了之後可以刮掉；妳來不及燙的濕衣服放在塑膠袋裡；枯萎的花束……。

愛麗絲：夠了，別耍聰明。有什麼東西不應該存放在冰箱裡面嗎？

小白兔：有的。因為某一種重要的化學物會消失，所以番茄在華氏五十度（攝氏十度）以下冷藏會失去味道。因為某些澱粉會變成糖，馬鈴薯會變得甜到讓你不高興。如果麵包沒有嚴密包裝，就會變乾走味，但放在密封的塑膠袋裡可能會長霉。麵包最好放在冷凍櫃。大量仍然溫暖的殘羹剩菜可能會把冰箱溫度升高到對細菌友善的危險水準。把殘羹剩菜分裝在易於冷卻的容器裡，泡冷水降溫之後再放進冰箱。不要把剩菜放在流理臺上讓它們自然冷卻，以免它們長時間處於危險溫度。

愛麗絲，注意！妳站得離架子邊緣太近了！

愛麗絲：救命！我掉進這個抽屜裡了。我在什麼地方？

小白兔：妳在蔬果保鮮盒裡。

愛麗絲：我不想變成脆脆酥。

　　小白兔：那只是用來裝蔬果的，而且它控制的是濕度，而不是溫度。除非保持相對比較高的濕度，否則蔬菜會變乾而且軟塌。保鮮盒是封閉的盒子，可以保持水蒸氣。但水果需要的濕度比蔬菜低，有的保鮮盒具備可調整的開口，讓妳裝不同東西時可以調整。

　　愛麗絲：耶，當然。我們底下那個隔間是什麼？

　　小白兔：那是放肉的地方，它是除了冷凍櫃之外，冰箱裡最冷的地方。因為冷空氣下沉，所以它位在冰箱底部。肉類與魚類必須盡可能低溫冷藏，但新鮮魚類無論如何不應該冷藏保存一天以上。談到肉類，我要趕一個很重要的「會議」。來吧，喝另外一瓶「喝我」讓妳恢復原狀，然後我們就要出去了。

　　別忘記關燈。

延伸閱讀

　　食物世界是無涯的，科學世界也是無涯的。沒有一本書能夠
比僅僅觸及兩者的皮毛更深入一點，或者比觸及兩者之間界面的
皮毛更深入一點。

　　我挑選了一些我希望對於有好奇心的居家廚子有用的議題，
收錄在這本書裡，而且盡可能使用非技術性的語言談論它們。我
期望這些小菜能夠引起我的讀者想進一步了解廚房科學的胃口。
對於那些食慾大開的人，以下我列出更深入談論食物科學的書籍
供你們參考。

技術性的科學書籍（無食譜）

Belitz, Hans-Dieter, and Grosch, Werner. *Food Chemistry*. Second
　　Edition. Berlin, Heidelberg: Springer-Verlag, 1999. 這是詳細的、
　　進階的食物與烹飪化學書籍，而且有完備索引。

Bennion, Marion, and Scheule, Barbara. *Introductory Foods*.
　　Eleventh Edition. Upper Saddle River, N.J.: Prentice-Hall, 2000.
　　食品科學的大學教科書。

Fennema, Owen R., Editor. *Food Chemistry*. Third Edition. New
　　York: Marcel Dekker, 1996. 這本參考書匯編二十二位食品科學
　　學者的專長論文。

McGee, Harold. *On Foods and Cooking: The Science and Lore of the
　　Kitchen*. New York: Macmillan, 1984. 內容廣泛、奠基式的經典
　　之作，論及食物與烹飪的詳細歷史、傳統與化學。

McWilliams, Margaret. *Foods, Experimental Perspectives*. Fourth
　　Edition. Upper Saddle River, N.J.: Prentice-Hall, 2000. 食物的成

分、質地、測試與評估。

Penfield, Marjorie, and Campbell, Ada Marie. *Experimental Food Science*. Third Edition. San Diego, Calif.: Academic Press, 1990. 食物的實驗室測試與評估。

Potter, Norman N., and Hotchkiss, Joseph H. *Food Science*. Fifth Edition. New York: Chapman & Hall, 1995. 大學食品科學與技術教科書。

一般性的烹飪書籍（附食譜）

Barham, Peter. *The Science of Cooking*. Berlin: Springer-Verlag, 2000. 簡介化學知識之後，即是關於肉類、麵包、醬汁等等的章節。附四十一道食譜。

Corriher, Shirley O. *Cookwise: The Hows and Whys of Successful Cooking*. New York: Morrow, 1997. 食譜裡面各成分的作用，它們如何發揮作用，如何盡可能利用它們，特別側重烘焙。附兩百二十四道食譜。

Grosser, Arthur E. *The Cookbook Decoder, or Culinary Alchemy Explained*. New York: Beaufort Books, 1981. 一位加拿大化學教授搜集的古怪但是實用的廚房科學資訊。附一百二十一道食譜。

Hillman, Howard. *Kitchen Science*. Boston: Houghton Mifflin, 1989. 烹飪問答。附五道食譜。

McGee, Harold. *The Curious Cook: More Kitchen Science and Lore*. San Francisco: North Point Press, 1990. 詳細討論許多專題。附二十道食譜。

Parsons, Russ. *How to Read a French Fry and Other Stories of Intriguing Kitchen Science*. Boston: Houghton Mifflin, 2001. 極為務實地討論油炸技術、蔬菜、蛋、澱粉、肉類、脂肪等等。附一百二十道食譜。

名詞解釋

酸　　　　凡是會在水裡產生氫離子（H⁺）的化學物都是
　　　　　酸（化學家有時候使用更寬廣的定義）。酸具有
　　　　　不同的強度，但味道都是酸的。

鹼　　　　日常用語，凡是會在水裡產生氫氧離子（OH⁻）
　　　　　的化合物都是鹼。例如：木灰水（氫氧化鈉）與
　　　　　小蘇打（重碳酸鈉）。化學家稱呼那些化合物是
　　　　　鹽基。更嚴謹地說，鹼就是特別強的鹽基：鈉、
　　　　　鉀或其他鹼金屬的氫氧化物。酸和鹽基（包括鹼）
　　　　　互相中和形成鹽。

生物鹼　　凡是存在於植物裡的苦味，影響生理作用的化合
　　　　　物。生物鹼家族包括阿托平、咖啡因、古柯鹼、
　　　　　可待因、尼古丁、奎寧與番木鱉鹼。

胺基酸　　含有胺基（－NH₂）與酸基（－COOH）的有機
　　　　　化合物。在前述化學式裡，N代表氮、H代表
　　　　　氫、C代表碳、O代表氧。大約二十種不同的胺
　　　　　基酸是天然蛋白質的構建基礎。

抗氧化劑　這種化合物可以預防食物或人體發生不想要的氧
　　　　　化作用。在食物裡，通常最要避免的氧化就是脂
　　　　　肪發生酸臭。食物常用的抗氧化劑包括二丁基羥
　　　　　基甲苯（BHT）、丁基羥基甲氧苯（BHA），與亞
　　　　　硫酸鹽。

原子　　　　化學元素的最小單位。已知的一百多種化學元素中，每一種都是由那種元素獨有的原子構成的。

英制熱量單位　　是一種能量的單位。四個Btu大約等於一個營養卡路里。無論煤氣爐或電爐都是用每小時產生的Btu數字來分級的。

卡路里　　　能量單位之一，最常用來說明食物在人體新陳代謝時提供多少能量。

碳水化合物　　生物體內存在的幾類化合物之一，其中包括糖、澱粉和纖維素。碳水化合物是動物的能源，是植物的結構成分。

偶極子　　　兩端相對各自帶有正電荷與負電荷的分子。

雙醣　　　　分子可水解為兩個完整單醣分子的糖。常見的雙醣是甘蔗、甜菜與楓糖裡的主要成分——蔗糖。

電子　　　　很輕的、帶負電的基本粒子，它們占據沉重原子核外面的空間。

酵素　　　　活的有機體產生的蛋白質，它們能夠加速（催化）特定的生化反應。生化反應本質上很慢，若沒有適當的酵素，大部分反應就不會發生。因為是蛋白質，很多酵素會被高溫之類的極端條件摧毀。

脂肪酸　　　有機酸之一，與甘油結合形成天然脂肪與油類裡面的甘油脂。大部分天然脂肪是三酸甘油脂，每一個脂肪分子含有三個脂肪酸分子。

自由基	擁有一個或更多個未配對電子的原子或分子。因為原子外圍的電子成對存在最穩定，所以自由基的化學反應力很強。
葡萄糖	一種單醣。它隨著血液循環，是碳水化合物裡面主要的能量產生者。
血紅素	在血液裡輸送氧氣的紅色、含鐵的蛋白質。
離子	帶電的原子或一群原子。帶負電的離子擁有過剩的電子，然而帶正電的離子缺少一個或更多個正常應該有的電子。
脂類	生物體內含有的可溶於氯仿或醚的脂肪狀、蠟狀或油狀物質。脂類包括真正的脂肪與油，還有其他的有關化合物。
微波	是一種電磁能量，它的波長比紅外線長，但比無線電短。可以透入固體幾公分之深。
分子	化學化合物的最小單位，由兩個或更多個原子結合而成。
單醣	不能水解成為其他的糖分子的單純糖。最常見的單醣是葡萄糖，也叫作血糖。
肌紅蛋白	與紅血球類似的紅色、含鐵的蛋白質。它存在於動物的肌肉裡，擔任儲存氧氣的化合物。
成核點	容器盛裝液體裡面的斑點、塵粒、刮痕或細小氣泡，讓溶解的氣體分子可以聚集在這個地點形成氣泡。

滲透	這個過程就是水分子從某一種物質的稀薄溶液通過——例如細胞膜之類——薄膜，進入那種物質比較濃的溶液，於是傾向於使濃度相等。
氧化	某一種物質與氧的反應，通常是與空氣中的氧氣反應。更廣義地說，就是原子、離子或分子失去電子的化學反應。
聚合物	許多個相同分子，常多達數百個，聚集在一起形成的龐大分子。
多醣	分子可以水解成為兩個以上單醣分子的糖。例如纖維素與澱粉。
鹽	酸與鹽基或者鹼反應得到的產物。最常見的就是氯化鈉，也就是食鹽。
亞硫酸鹽	亞硫酸的鹽。亞硫酸鹽與酸反應會形成可以用來漂白與殺菌的二氧化硫氣體。
三酸甘油脂	三個脂肪酸分子與一個甘油分子結合而成的分子。天然脂肪與油類多是三酸甘油脂的混合物。

國家圖書館出版品預行編目資料

泡麵爲什麼總是彎的？：136個廚房裡的科學謎題／羅伯
特・沃克（Robert L. Wolke）著；高雄柏譯. 四版. ーー臺
北市：臉譜：城邦文化出版，家庭傳媒城邦分公司發行，
2024.09
面；　公分. ーー（科普漫遊；FQ1002Z）
譯自：WHAT EINSTEIN TOLD HIS COOK: Kitchen Science
　　　Explained
ISBN 978-626-315-549-7（平裝）

1. 食品科學　2. 烹飪　3. 問題集

463.022　　　　　　　　　　　　　　　113011933

科普漫遊　FQ1002Z

泡麵爲什麼總是彎的？
136個廚房裡的科學謎題

作　　　　者	羅伯特・沃克（Robert L. Wolke）	
譯　　　　者	高雄柏	
編 輯 總 監	劉麗真	
副 總 編 輯	陳雨柔	
責 任 編 輯	黃家鴻	
發 　行 　人	何飛鵬	
事業群總經理	謝至平	
出　　　　版	臉譜出版	

城邦文化事業股份有限公司
台北市南港區昆陽街16號4樓
電話：886-2-25000888　傳真：886-2-25001951
發　　　　行　英屬蓋曼群島商家庭傳媒股份有限公司城邦分公司
台北市南港區昆陽街16號8樓
客服服務專線：886-2-25007718；25007719
24小時傳真專線：886-2-25001990；25001991
服務時間：週一至週五上午09:00~12:00；下午13:30~17:00
劃撥帳號：19863813　戶名：書虫股份有限公司
讀者服務信箱：service@readingclub.com.tw
香港發行所　城邦（香港）出版集團有限公司
香港九龍土瓜灣土瓜灣道86號順聯工業大廈6樓A室
電話：852-25086231　傳真：852-25789337
E-mail：hkcite@biznetvigator.com
馬新發行所　城邦（馬新）出版集團 Cité (M) Sdn. Bhd.
41, Jalan RodinAnum,Bander Baru Sri Petaling, 57000 Kuala Lumpur, Malaysia
電話：603-90578822　傳真：603-90576622
四 版 一 刷　2024年9月

版權所有・翻印必究（Printed in Taiwan）
ISBN 978-626-315-549-7（紙本書）、978-626-315-547-3（epub）

定價：360元

（本書如有缺頁、破損、倒裝、請寄回更換）

本書初版書名《愛因斯坦的廚房：新世紀廚房的科學解答》
本書二版書名《馬鈴薯拯救了一鍋湯？：136個廚房裡的科學謎題》